# 生猪养殖与非洲猪瘟
## 生物安全防控技术

◎ 全国畜牧总站　编

**Pig breeding and**
biosafety technology on controlling
African swine fever

中国农业科学技术出版社

图书在版编目（CIP）数据

生猪养殖与非洲猪瘟生物安全防控技术 / 全国畜牧总站编 . —北京：中国农业科学技术出版社, 2020.3
ISBN 978-7-5116-4623-1

Ⅰ.①生… Ⅱ.①全… Ⅲ.①非洲猪瘟病毒－防治
Ⅳ.① S852.65

中国版本图书馆 CIP 数据核字 (2020) 第 030108 号

责任编辑　闫庆健　马维玲　王思文
责任校对　李向荣

出 版 者　中国农业科学技术出版社
　　　　　北京市中关村南大街 12 号　邮编：100081
电　　话　(010)82106632（编辑室）　　(010)82109702（发行部）
　　　　　(010)82109703（读者服务部）
传　　真　(010)82106625
网　　址　http://www.castp.cn
经 销 者　各地新华书店
印 刷 者　北京建宏印刷有限公司
开　　本　850mm×1 168mm　　1/32
印　　张　8.125
字　　数　219 千字
版　　次　2020 年 3 月第 1 版　　2021 年 4 月第 3 次印刷
定　　价　60.00 元

# 《生猪养殖与非洲猪瘟生物安全防控技术》

## 编委会

# 序

　　猪肉是我国居民膳食最主要的肉产品，养猪业是关乎国计民生的重要产业，素有猪粮安天下之称。发展生猪生产，对于保障人民群众生活、稳定物价、保持经济平稳运行和社会大局稳定具有重要意义。近年来，我国养猪业综合生产能力明显提升，保供能力也明显提升。但非洲猪瘟疫情的发生，生猪产业遭受重创，产能大幅下滑，保供稳价压力增大。国务院印发了《国务院办公厅关于稳定生猪生产促进转型升级的意见》（国办发〔2019〕44号），农业农村部也出台了一系列恢复生猪生产的政策文件，明确提出加快恢复生猪生产，促进生猪产业转型升级，这迫切需要加强生物安全防控技术指导，为恢复生猪生产保驾护航。

　　本书总结了有关专家和企业在防控非洲猪瘟生产实践中的经验教训，从生物安全防控体系构建和生猪健康养殖技术两方面入手，全面系统阐述了新形势下生猪生产各个环节的操作要点和方式方法。有理论、有实例，具有较强的指导性和实操性。

　　非洲猪瘟疫情危害性虽大，但只要我们正确认识疫情，形成一套科学有效的生物安全防控体系，有效应对疫情，非洲猪瘟是可防可控的。

农业农村部国家首席兽医师（官）

李金辉

2020年2月

# 目　录

# 第一章
# 非洲猪瘟病毒的重要特性与传播途径

    非洲猪瘟（African swine fever, ASF）是由非洲猪瘟病毒（ASF virus, ASFV）引起猪的一种急性、热性、高度接触性传染病，所有品种和年龄的猪均可感染，发病率和病死率可达100%。ASF 是世界动物卫生组织（OIE）必须报告的动物疫病之一，我国将其列为一类动物疫病，但需要指出的是，非洲猪瘟不感染人，并非人畜共患病。

## 第一节　非洲猪瘟的危害

    自 1921 年在非洲肯尼亚首次发现至今，非洲猪瘟已有近百年历史，从非洲传播至欧洲、南美洲、亚洲。该病一旦发生，如不能及早扑灭，疫情易迅速扩大，将带来巨大的经济损失，甚至给当地养猪产业造成毁灭性的打击。2007 年以来，ASF在格鲁吉亚暴发，而后传入欧洲国家，对欧洲养猪业造成严重威胁。在波兰和俄罗斯等东欧国家，非洲猪瘟疫情和受影响地区的数量每年都在增长。2018年，西欧暴发疫情，在比利时已经发现了几百头受感染的野猪。ASFV生态复杂，可在家猪、野猪和软蜱之间循环，除了在非洲和欧洲流行之外，还曾在美洲的巴西和海地等国暴发流行。

　　2018年8月3日，非洲猪瘟在中国辽宁省的沈阳市首次暴发，随后周边国家蒙古、朝鲜、韩国、越南、柬埔寨、老挝、缅甸、菲律宾以及印度尼西亚等也相继暴发疫情，引起了全世界对其进一步扩散和蔓延的担忧。一年多来，疫情扩散速度明显加快，OIE通报的数据显示，2019年1月至10月，曾暴发或正在暴发疫情的国家和地区有26个，其中欧洲13个、亚洲10个、非洲3个，当前亚洲的疫情尤为严重。

　　非洲猪瘟一旦暴发将对养猪业造成巨大危害。第一，该病一旦传入猪群，可引起感染猪只高热和急性死亡，呈现高致死性，造成的直接经济损失巨大。感染猪的发病率通常在40%~85%，病死率因感染的毒株不同而有所差异。高致病性毒株感染猪的病死率可高达90%~100%；中等致病性毒株感染成年猪的病死率为20%~40%，感染仔猪的病死率为70%~80%；低致病性毒株感染猪的病死率在10%~30%。第二，可以引起母畜流产等繁殖障碍。第三，疫情处理过程中扑杀发病动物、同群（场）动物以及与其接触的猪群，并进行无害化处置，将耗费大量人力、物力和财力。第四，一旦出现疫情，将严重阻碍生猪产业相关的国际贸易，种猪、公猪精液、猪肉等相关制品的出口将受到严格限制和禁止。第五，可连锁影响与养猪相关的上下游产业，如饲料和食品加工等行业。

## 第二节 非洲猪瘟病毒基因组特征与结构

　　非洲猪瘟病毒是非洲猪瘟病毒科非洲猪瘟病毒属的唯一成员，是一种大型（200nm）复杂的有囊膜的双链DNA病毒。通常认为只有一种血清型，但基于红细胞吸附抑制试验（HAI）可以将ASFV毒株至少分成8个血清群。基于其p72基因部分片段的遗传演化分析，可将当前毒株分为24个基因型。我国目前流行的毒株属基因Ⅱ型。

　　已有的研究分析表明，ASFV基因组片段的插入和缺失对于基因组多样性的贡献远大于点突变，基因组中发生的大量重组事件与基因组插入存在明显的关联，重组可进一步导致病毒基因组的多样性以及病毒表型（如抗原性、致病性等）的变异，由此极大地增加了防控的难度。

　　国内研究团队利用冷冻电镜技术解析了ASFV粒子结构，研究结果显示（图1-1）：非洲猪瘟病毒粒子是一种正二十面体的巨大病毒颗粒，由基因组、核心壳层、双层内膜、衣壳和外膜组成，病毒颗粒

图1-1　非洲猪瘟病毒整体结构（左：5层切面图；右：衣壳层整体结构）（图片来源：Science, Vol. 366, Issue 6465, pp. 640-644）

包含 3 万余个蛋白亚基，组装成直径约 260 纳米的球形颗粒；非洲猪瘟病毒的不同层病毒原件的组成方式类似俄罗斯套娃，外层衣壳保护着内层蛋白和核酸结构。同时，提出了非洲猪瘟病毒可能的组装机制，为揭示非洲猪瘟病毒入侵宿主细胞以及逃避和对抗宿主抗病毒免疫的机制以及研发安全有效的新型非洲猪瘟疫苗提供了重要线索。

由于非洲猪瘟病毒基因类型多，免疫逃逸机制复杂，可逃避宿主免疫细胞的清除，目前国内外尚无安全有效的疫苗，防控非洲猪瘟的唯一有效手段是生物安全措施。

## 第三节 非洲猪瘟病毒的环境抵抗力

早期的研究业已表明，ASFV 具有较宽的温度稳定性和对腐败及干燥具有极强的抵抗力，并高度抵抗某些化学物质（如胰蛋白酶和 EDTA）和物理处理（如冻结 / 解冻和超声波）。在 56℃ 1h 和 37℃ 1 周后病毒仍能存活。无论是在 0℃ 以下还是在 4℃ 时，ASFV 都表现出对环境条件的高耐受性，在长时间的贮藏过程中仍可保持感染性。ASFV 可以在多次冻融循环中存活，在 4℃ 的环境中保存病毒血液的感染性至少 75 周，而在无 $Ca^{2+}$ 或 $Mg^{2+}$ 的环境中保存病毒感染性至少 61 周。病毒在粪便和尿液中（20℃ 下）可存活 11d，木板上的血渍中可存活 70d，而腐败的血液中可存活 15 周。受污染的肉即使被腌制，其中的 ASFV 也可以在火腿中存活一年以上。

最近的研究再次表明，ASFV 在 4℃、22℃ 和 40℃ 时稳定，在 EMEM 中培养 24h 后，仅损失不到 10 个 50% 血细胞吸附剂量（$HAD_{50}$）/mL。组织中的 ASFV 可以在深度冷冻（-70℃）条件下存活多年而没有显著的滴度损失，但在 20℃时会逐渐失去活性，但仍可存活至少 105 周。在 4℃时，病毒在培养基中非常稳定，至少在 61 周内保持感染性。在较高温度下，ASFV 失活相对较快，在 37℃下，ASFV 在细胞培养基中可保持感染性 11~22d，但在 50℃时，只有少部分病毒保持感染性，而在 60℃时，仅 15min 后就检测不到感染性病毒粒子。

非洲猪瘟病毒具有较强的酸碱耐受性。研究表明，病毒有较宽的 pH 值适应范围，在 pH 值为 3.9~13.4（在含有血清的培养基中）时可稳定存活 7d 以上。一些强抵抗性毒株甚至在 pH 值为 3.1 时还能存活，直到 pH 值下降到 2.7 时才失去活性。pH 值达到 13.4 时强抵抗性毒株仍可以在无血清培养基中存活 20~22h，在 25% 血清中存活 7d。

## 第四节 非洲猪瘟病毒感染的临床特征

ASF 潜伏期因感染方式的不同而长短不一，通常在 4~19d，也有报道可至 21d。人工感染试验发现，肌内注射或软蜱叮咬潜伏期短于经口途径感染，且在病毒感染的潜伏期内，猪的口腔液、血液、其他分泌物和排泄物中已经能够检测到病毒，表明感染猪只在潜伏期内已具有传染性。感染猪病毒血症可持续至感染后 40d 左右（因毒株和感染动物的不同存在差异）。

特急性感染，高热发烧（41~42℃），厌食，呼吸急促，皮肤充血，有的动物没有临床症状突然死亡。急性感染动物表现为，发烧（40~42℃），厌食，嗜睡，久卧不起，呼吸急促；耳朵，腹部，后腿以及臀部皮肤发绀或出血（斑点状或伸展状）；口鼻出血，鼻子/嘴巴流出血液泡沫，眼角分泌物增加；呕吐，便秘或腹泻，也可见便血；各阶段怀孕母猪感染后均可出现流产（图 1-2）。亚急性感染，症状相似但严重程度略轻于急性发病，出现时间略慢于急性感染，除以上症状外，还可出现跛行，关节积液肿胀和纤维性肿胀；也可见呼吸困难和肺炎，以及母猪流产。慢性感染，体温升高但不明显（40~40.5℃），轻度呼

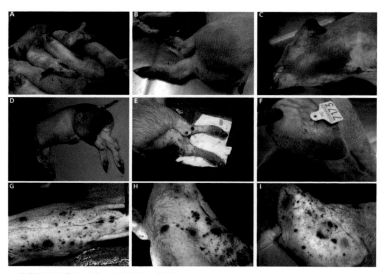

A. 猪看起来明显虚弱、发烧，可能团缩在一起取暖。
B-E. 在颈部、胸部和四肢的皮肤上有血性腹泻和明显的充血（红色）区域。
F. 耳朵尖端呈青色（蓝色）。
G-I. 腹部、颈部和耳朵皮肤上的坏死病变。

图 1-2 非洲猪瘟急性感染动物典型临床病变（图片来源为 FAO 诊断手册）

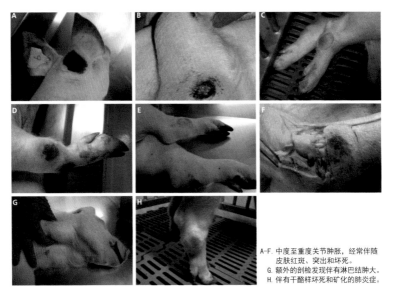

A-F. 中度至重度关节肿胀，经常伴随
　　皮肤红斑、突出和坏死。
G. 额外的剖检发现伴有淋巴结肿大。
H. 伴有干酪样坏死和矿化的肺炎症。

图1-3　非洲猪瘟慢性感染动物临床病变（图片来源为FAO诊断手册）

吸困难，常见中度至重度关节肿胀；皮肤局部出现坏死（图1-3）。

非洲猪瘟感染猪只剖检变化可随毒株的致病性不同，以及感染进程不同而有所差异。特急性感染猪只，由于死亡过快，脏器甚至不表现明显的病变。急性感染动物，剖检大体病变可见皮下出血；全身淋巴结肿大，出血（特别是胃肠道和肾脏周边淋巴结）；脾脏由于大量充血呈现严重的肿大，可达正常大小的6倍以上，呈深红色至黑色，质地变脆，易碎，边缘圆润；肾脏、膀胱、胃壁、肠壁、心脏外膜出血；胸腔腹腔积液；肺部可出现水肿、充血和出血（图1-4）。

若感染耐过，可成为持续性感染病例，动物体内可间歇性

图 1-4　非洲猪瘟感染猪肺脏肿大

出现病毒血症，尤其在动物受到应激时可能重新排毒，这表明感染耐过猪仍然具有传播病毒的风险。一般情况下，感染后的 7~9 d 能检测到 ASFV 特异性抗体，若猪只耐过，感染猪体内较长时期内均可以检测到抗体，但在急性感染病例中，感染动物可能出现尚未产生抗体转阳已死亡的情况。

## 第⑤节　非洲猪瘟病毒的传播途径

　　研究表明，ASFV 在环境中存在至少 3 种不同的循环模式：丛林传播循环、蜱 - 猪循环和家猪（猪 - 猪）循环。目前，我国仍主要关注家猪循环。ASFV 传播途径分为直接和间接接触传播，直接接触传播主要由感染猪通过口、鼻接触而传播；间接接触传播是由被污染病毒的泔水、工具、设备、物资、饲料、环境等传播，还可经由软蜱、蚊、蝇等叮咬感染猪后携带病毒传播。

## 一、猪

非洲猪瘟发病猪、感染猪、带毒猪是重要的传染源，感染猪只在潜伏期内以及感染耐过猪只均具有传播病毒的风险。在非洲猪瘟疫情流行期间，猪场引种、购进猪苗、外售猪、淘汰猪及场内猪调运时容易让健康猪群感染病毒，造成疫情扩散的风险最大。欧盟在非洲猪瘟防控过程中提出，病死猪及可疑地区猪群是在非洲猪瘟暴发期间重要风险点，并强调猪场引种引入无健康等级和非洲猪瘟阴性证明的猪只将存在传入非洲猪瘟的风险。

## 二、车辆

目前有些猪场运输饲料时允许商业化料车进入生产区内，若消毒不全，具有巨大的交叉污染风险，为减少外来料车进入猪场生产区带来的风险，需要在场区边缘地带设置饲料中转站，每栋猪舍饲料由饲料中转站通过本场机械设备输送。外来料车运送饲料至饲料中转站时也应对料车消毒。

运猪车，包括猪苗运输车、出栏运输车、拉淘汰猪车和拉猪粪和其他废弃物的车辆，均是传播该病的重大风险点。场区在引种时需通过猪苗运输车引入仔猪，从场外引种距离不宜过远，距离越远，在运输途中感染的风险越大；全封闭运输车能够减少运输途中感染的风险。运输车进入场区前需在洗消中心仔细消毒，检测合格后抵达场区，通过转猪台将猪苗转入场区，换用场区内部运猪车送入生产舍。育肥猪出栏时，指定的场外出栏运输车经洗消中心消毒检测合格后到达场区等候，猪只通过场内车辆经转猪台送至出栏运输车。无论引种还是出栏，场外车辆严格消毒后于场区大门处等候，不得进入场内，猪只通过出猪中转台通道进出，内外车辆严格分开。可在场外建立烘干房，对于必须入场的车辆进行烘干消毒。

## 三、人员

人员（包括场区工作人员和外来人员）的鞋、靴及衣物等可传播非洲猪瘟病毒。人员进入场区前需严格隔离，包括场外和场内生活区隔离。场内工作人员严格按照生物安全制度进行生产，进出生产区需淋浴、更换工作服。生产工具专栏专用，减少人为造成的交叉污染。外来人员须按照程序进行隔离、淋浴、更换工作服，并在场内工作人员的陪同下进行操作，防止出现违反生物安全的危险操作。

## 四、物资

猪场日常所需的生活用品、办公用品、生产用品及人员随身物品等物资都有可能在非洲猪瘟暴发期携带病毒，对猪场流通的物资进行严格管理显得尤为重要。ASFV对外界抵抗力非常强，根据不同物资属性要采取不同存放时间和消毒方法，包括干燥、熏蒸、臭氧消毒、浸泡消毒、酒精擦拭等。所有入场物品需去除外包装，仅保留内包装，彻底消毒后方可进场，确保物品不是来自其他畜禽养殖场、ASFV疫区、屠宰场、农贸市场和病原微生物实验室的敏感区域。

## 五、食品

ASFV 有较强的环境稳定性以及动物感染后较长的潜伏期，而且潜伏期可以排毒感染其他易感动物的两大特性，明显增大了其传播的风险。由于 ASFV 能够在受污染的各类食物中，尤其肉制品中长期存在，因此，它们可以作为病原体越境甚至跨大陆传播的媒介。这种传播模式是 ASFV 进入无疫地区的最常见途径之一。例如，2007 年格鲁吉亚 ASF 的暴发就是由于在 Poti 码头处理污染食品造成的。历史上曾多次发生过类似的传播事件，导致了 ASFV 引入葡萄牙（1957 年）、古巴（1971 年）、巴西（1978 年）和比利时（1985 年）。

## 六、饲料

污染的猪肉及其制品经餐厨剩余物（泔水）这条传播链传入是中小规模猪场感染的重要方式之一。从世界范围来看，多年来的非洲猪瘟防控实践表明，餐厨剩余物饲喂生猪是非洲猪瘟传播的重要途径。国外有专家对 2008—2012 年查明的 219 起非洲猪瘟疫情进行分析，发现 45.6% 的疫情系饲喂餐厨剩余物引起。而在我国非洲猪瘟暴发初期，饲喂餐厨剩余物成为非洲猪瘟疫情在中小猪场传播的重要因素，经专家对疫情发生原因调查分析发现，2018 年暴发初期发生的前 21 起非洲猪瘟疫情中，有 62% 的疫情与饲喂餐厨剩余物有关。这些疫情多分布在城乡结合部，往往呈多点集中发生，这在安徽省最初的几起疫情中表现尤为明显。但在规模化猪场所发生的疫情中，并未发现饲喂餐厨剩余物造成传播的情况。我国在非洲猪瘟疫情发生后，农业农村部迅速明文规定在全国范围内全面禁止用餐厨剩余物饲喂生猪。

除餐厨剩余物外，其他饲料若被 ASFV 污染后也将使采食的猪只感染。拉脱维亚 2014 年开始暴发 ASF，该国及其他国家专家分析暴发的主要原因为生物安全措施较差，无法阻断 ASF 的传播，例如，被病毒污染的饲料喂猪导致感染发生。

猪血粉作为饲料成分存在传播 ASFV 的巨大风险。中国农业科学院哈尔滨兽医研究所国家非洲猪瘟专业实验室发现引起黑龙江佳木斯疫情的 Pig/HLJ/18 株与同时期辽宁猪血粉中污染的 ASFV（DB/SY/18 株）基因组序列完全一致。在猪血粉生产过程中，若原料中有阳性样品，即便成分在高温下灭活，血粉在制备、包装运输过程中极易受原料血液的污染，成为传播风险点，应予以高度重视。

我国禁止饲喂泔水且在养猪户严格遵守规定的前提下，为防止饲料中添加的血粉如果在某一个环节出现问题而存在 ASFV 传播风险，在猪舍饲喂末端将含有猪血粉添加剂的饲料重新加热，加热温度 70 ~ 100℃保持至少 30min，能够减少或者杜绝因添加猪血粉商品饲料而引起 ASF 暴发的风险。不利之处：猪场需要配套加热设备并消耗加热能源。

另外，某些猪场可能会饲喂猪青绿饲料，也要注意保证饲料不被可能携带 ASFV 的动物接触。

## 七、水源

目前，尚未有猪通过饮水感染 ASF 的确切报道，但尼日利亚的一篇论文指出，如果是开放式水源，其可能被野鸟等携带 ASFV 的动物污染，可能具有传播 ASF 的风险。同时，近期有报道称水蛭可能是 ASFV 的贮藏宿主，具有传播 ASF 的风险。猪场供水方式一般为地下水水井 - 变频水泵（水塔）- 供水管路 - 饮水器 - 猪，不易被其他动物污染。但是在曾经发生过疫情且病死猪采取深埋处理方案的疫点，尚无所埋猪携带的 ASFV 能否对地下水造成污染或污染能持续多久的研究报道。

非洲猪瘟病毒是一种具有双层囊膜的双链 DNA 病毒，环境稳定性和酸碱耐受性较强。因此，仅靠改变猪场饮水的酸碱性作用不大，还需配合其他净化消毒方式保障饮用水安全。同时，栏舍冲洗的水源也应注意防范 ASFV 污染。

## 八、精液

公猪感染后，可通过精液传播病毒。已有研究表明，ASFV 可在精液中长期存活，如果精液受到污染，随人工授精传播给母猪，可导致大规模的感染，引起疫情暴发。同时，如果缺少有效的检测和发现，ASFV 可以随冻精的调运和流动，导致长距离的传播，因此对精液的定期检测十分重要。

## 九、气溶胶

早期研究资料显示非洲猪瘟病毒通过气溶胶传播的距离较短，主要局限在近距离（2~3m）。但在疫情发生猪场，经检测发现猪舍机械通风的排风口处可检测到 ASFV，推测通过气溶胶传播可能是 ASF 在猪场内传播的一种方式，但是在猪场之间传播的可能性较小。

非洲猪瘟一般不会通过远距离的空气传播。因此，若想仅通过空气过滤来抵御非洲猪瘟，意义不大。我国多数猪场内猪舍粪沟相通、人员串舍时有发生，仅通过空气过滤仍无法杜绝舍与舍之间的传播，但带空气过滤的猪舍对其他可经气溶胶传播的疫病具有较好的阻断作用，有条件的猪场可考虑安装，如公猪站和种猪场等。

### 十、蚊、蝇、鼠、鸟

2014 年以来，ASF 传播到西欧地区，丹麦兽医专家 Mellor 等人通过 ASFV 阳性血液的蚊蝇饲喂试验证明蚊蝇（又名吸血厩蝇、厩螯蝇）可以机械地携带 ASFV，苍蝇能够在吞食 ASFV 感染血液后 24h 内机械地传播病毒。此外，Olesen 等人最近的一项研究证实，猪的感染也可能发生在口服喂饲 ASFV 感染血液的苍蝇之后，推测蚊蝇具有传播 ASF 的风险性。吸血厩蝇可能是短距离传播的一种可能途径（例如，农场的内部传播），而较大的马蝇，如虻科苍蝇，飞行范围较大，存在较长距离传播 ASFV（例如，农场和农场之间的传播）的风险。已有证据表明，从发病猪场捕获的苍蝇、蚊、鼠中可检测出 ASFV。所以除了软蜱之外，也要防止苍蝇、蟑螂、蚊虫、鼠等进入猪舍，需及时清除。

# 第二章
# 猪场建设与改造方案

　　目前生猪产业存在的主要问题是疫病防控压力大，防控成本高，尤其对非洲猪瘟的防控。传染病传播的 3 个环节即传染源、传播途径和易感动物。由于非洲猪瘟没有特效疫苗和特效药，切断传播途径成为猪场非洲猪瘟阻击保卫战的关键，因而猪场建设与改造方案得到空前重视。鉴于非洲猪瘟防控工作的复杂性、艰巨性、长期性，短期内彻底灭除非洲猪瘟难度极大，必须在继续打好攻坚保卫战的同时做好打持久战的准备。在调查、收集分析国内外研究现状、有益的实际做法基础上，综合提出非洲猪瘟防控猪场建设与改造综合措施，主要包括新建猪场规划设计方案和既有猪场升级改造方案等。

## 第一节　新建猪场规划设计方案

### 一、场址选择

　　新建猪场应选择在干燥向阳，地质情况良好的地方，不得建在禁养区，距离村庄不近于 500m，建议 3km 以内无养猪场和屠宰场，距离省级以上道路 3km 以上。

## 二、栋舍设置

哺乳母猪、保育猪、生长育肥猪各阶段猪应按照栋舍或者生产单元全进全出。不同猪舍单元应采用实体墙分开，应具有独立通风系统。

## 三、猪舍建筑面积

自繁自养生猪养殖场各猪舍建筑面积可参考表 2-1 估算，其中，育肥猪舍建筑面积可按照 1.7m$^2$/ 头生长育肥猪设计。

表 2-1 各阶段猪的猪舍建筑面积参考

| 猪舍名称 | 建筑面积（m$^2$/ 头基础母猪） |
|---|---|
| 公猪、后备公猪、后备母猪舍 | 0.7 |
| 空怀配种母猪舍 | 1.4 |
| 妊娠猪舍 | 3.0 |
| 哺乳母猪舍 | 2.2 |
| 保育猪舍 | 2.6 |
| 生长育肥猪舍 | 10.3 |
| 合计 | 20.1 |

注：猪舍建筑面积可根据地形、饲喂方式、清粪方式等调整

## 四、猪场用地面积

生猪养殖场用地面积含生产区、生活区、粪污处理区等场区内用地面积。对于猪舍建筑为单层的自繁自养猪场，用地面

积不宜小于 60m²/ 头基础母猪，育肥猪场用地面积不宜小于 5m²/ 头生长肥猪。该用地面积不包括施肥土地面积和非洲猪瘟防疫区划面积。猪舍为楼房建筑的猪场用地面积根据层数适当折减。

## 五、猪场布局

（1）猪场在总体布局上应将生产区与生活管理区分开，生产区与隔离猪舍分开，净道与污道分开。

（2）猪场应建有人员隔离室、物品消毒室、淋浴更衣室等。

（3）按夏季主导风向，生活管理区应置于生产区的上风向或侧风向，隔离观察区、粪污处理区和病死猪处理区应置于生产区的下风向或侧风向，各区分开。

（4）猪场四周应设实体围墙。

（5）猪舍朝向应兼顾通风与采光。

（6）猪场围墙外有足够土地面积的猪场，建议在围墙外一定距离围护栅栏一周，猪场外人员和车辆不可进入栅栏内，栅栏内土地面积可兼作消纳本场粪污和防疫用地。

（7）猪舍围护结构应做防鸟、防鼠、防蚊蝇设计。

## 六、饲料中转中心 / 饲料储存设施

有条件的大中型规模猪场可在场外建饲料中转中心，配套料仓或料塔，配置猪场内部饲料罐车。无条件在场外建设饲料中专中心的猪场，可在围墙处设置饲料储存设施，外来料车与饲料储存设施设置实体围墙隔离。饲料在中转中心或饲料储存

设施贮存 24h 并抽样检测阴性后分送至场内各猪舍。

## 七、场区绿化

在猪场内植树，一般可以起到绿化、防风、防尘、防晒等作用。但猪场内树木容易招引鸟类，因此，为防控非洲猪瘟，在有效的非洲猪瘟疫苗上市之前猪场内不宜植树。

## 八、隔离猪舍

对于定期引进场外种猪的猪场，最好将隔离猪舍建在距离生产区猪舍较远处（最好 500m 之外），引进的外场种猪先饲养于隔离猪舍中，隔离时间按照疫病防控时间确定。规定时间后经观察、检测无非洲猪瘟病毒后再转进猪场内生产猪舍。

## 九、装猪台（出猪台）

猪场至少应该在围墙处建造装猪台（出猪台），最好在距离生产区较远处建立出猪中转站，出猪时除对外来装猪车辆消毒外，赶至出猪中转站或出猪台的猪必须全部出场不能返回猪场。出猪中转站或出

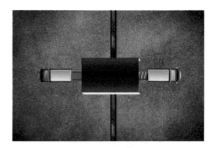

图 2-1　出猪台

猪台应按照规定消毒。出猪台以实体隔墙将场内运猪车和场外拉猪车分隔（图 2-1）。

## 十、猪舍门口设置消毒池或消毒盆

为预防不同猪舍之间串舍造成不同猪舍内猪只交叉感染，宜在每栋猪舍门口设置消毒池或消毒盆。

## 十一、猪场中央厨房

猪场中央厨房负责整个猪场人员的食物供应，应设置食品材料接纳缓冲间、仓库和冷库、厨房、厨师宿舍、更衣室和取餐缓冲间等，如图2-2所示。猪场厨师不进入猪场生产区和生活区。

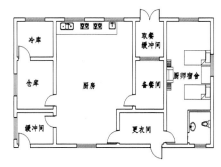

图 2-2　猪场中央厨房示意

## 十二、猪场门卫、消毒更衣室、隔离宿舍等

在猪场大门口附近应设置门卫、消毒更衣室、隔离宿舍等，各种功能的房间可分开设置为独立房屋或合并为一栋房屋（附属用房），人员单向流动，如图2-3所示。

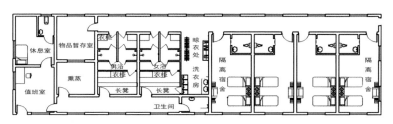

图 2-3　猪场门卫、消毒更衣室、隔离宿舍等附属用房

### 十三、猪场生产区门口消毒更衣室

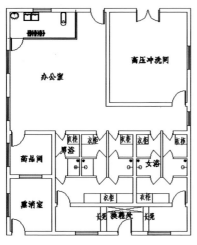

图 2-4　猪场生产区消毒更衣室

在猪场生产区门口也应设置消毒更衣室，见图 2-4 所示，人员单向流动。

### 十四、洗猪间

建议在妊娠母猪转入分娩猪舍前对母猪冲洗，因此宜建有洗猪间。

### 十五、新建猪场竣工后检测

对于新建猪场，在猪场施工过程中，施工人员在施工过程中有可能将非洲猪瘟病毒带入新建场地，因此，新建猪场竣工后应多方位取样检测非洲猪瘟病毒，确保场区内无非洲猪瘟病毒后新建猪场方可进猪。

### 十六、猪场防疫关键点视频监控

猪场防疫的关键点主要为：猪场大门处、厨房、饲料储存区、装猪台、粪污出场处、生产区入口处、每栋猪舍门口处和车辆清洗烘干中心等处，各关键点需要设置监控，但注意保护更衣淋浴时的个人隐私。

## 十七、猪场总平面规划设计图示例

对于猪场土地面积不足以在场外建设隔离猪舍、出猪台和饲料中转中心的猪场，建议将三者放置于远离生产区的围墙处，如图 2-5 所示。

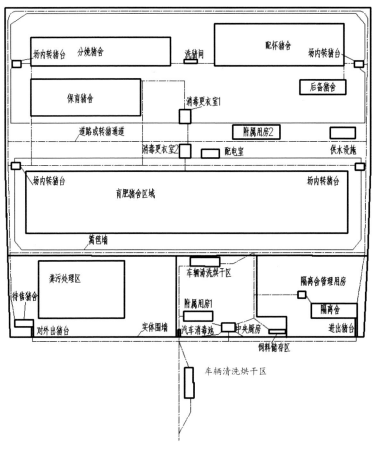

图 2-5　猪场总平面规划设计图示例（机械喂料、刮粪板或尿泡粪清粪）

图 2-5 中，生活区附属用房 1 中含有门卫、物品消毒室、人员消毒更衣室，隔离宿舍、餐厅和办公室等。

生产区附属用房 2 中含宿舍、会议室、餐厅、办公室、卫生间、洗澡间、实验室等。

生产区又将母猪区和育肥区划分为 2 个区，人员进出每个生产区分别淋浴消毒更衣。

## 第二节 既有猪场设施设备改造升级方案

### 一、场外区域

1. 围墙

猪场边界建 2.5m 高实心围墙。

2. 厨房

大中型规模养殖场应将厨房移至生产区外，配套专用餐车、餐盒；在猪场生活区附属用房、生产区附属用房分别设立餐盒传递窗口，配套微波炉等。

3. 饲料中转中心

有条件的大中型规模场可在场外建饲料中转中心，配套料仓或料塔，配置猪场内部饲料罐车。外来料车与饲料中转中心设置实体围墙隔离。饲料在中转中心贮存 24h 并抽样检测阴性后分送至场内各猪舍料塔。无条件的猪场将饲料储存设施设置在围墙里侧，外来料车不可进入猪场围墙内。

4. 猪场二次洗消中心

大中型规模场距场区 1000m 外建设二次洗消中心，由脏区、灰区、净区三部分构成，三区之间道路单向行驶，不交叉。脏区为进场车辆停放区，地面硬化，配套污水集中处理收集池。周边设雨水收集沟，雨水不得进入灰区与净区。灰区包括清洗区和烘干区。清洗区配置高压高温冲洗机、发泡机等设备，配套洗澡间、消毒间、厕所、休息区等。烘干区配套自动烘干设备，烘干工艺为 70℃热风烘干 30min。净区为清洗烘干后车辆停放区域，地面硬化，周边设置雨水收集沟。

5. 猪只中转站

大中型规模场在距场区 500m 外建设出场猪只中转站，小型养殖场和散养户建议由当地人民政府组织以村为单位建设猪只中转站。选址于村内下风口，分为安全区、灰区及危险区。三区之间道路单向行驶，不交叉。安全区为猪场出口至中转站之间区域，须配套专用运输车辆和上下猪台等。灰区建中转猪舍，其大小根据每天出栏规模确定，配套饮水、防蚊纱窗、通风降温、高温高压清洗设备等。危险区为外来车辆等候区，配套粪污收集池及污水池等，配置车辆清洗设备。

6. 出猪台

养殖场（户）建设出猪台，距场区 50m 以上并加盖防雨棚，在出猪台周边加设独立排水系统，防止雨水和冲洗水回流到猪场生产区。猪只单向流动，一旦进入出猪台，严禁返回。

## 二、场内区域

猪场彻底清洗消毒封闭 1 个月后，改造升级场内设施设备。大中型规模场内按生活区、生产区、无害化处理区规划布局，生活区置于上风口，无害化处理区位于下风口和场区最低处，各功能区之间相对独立，避免人员、物品交叉。各区之间间距宜 50m 以上，须用高 2.5m 的实心墙隔离。场内净道与污道严格分开，不得交叉。分区设置沐浴更衣间、洗衣房，配套可加热洗衣机、烘干机、臭氧消毒机、紫外灯等，区域间不共用。

### 1. 生活区

生活区分为办公区生活区和生产人员生活区（内勤区）。生产人员生活区宜与办公区隔离，生产人员不宜每天穿梭到办公区。生产人员往返到办公区需要淋浴消毒更衣。

（1）生活区大门。设大门消毒池，尺寸可为 2.5m×7.5m，加盖防雨棚。增设自动化消洗设施。设门卫 24h 值班室。

（2）入场人员第一消毒区。紧临办公区生活区大门消毒池增设第一消毒区。第一消毒区由消毒通道、场外更衣室、淋浴间和场内更衣室组成。消毒通道长 3~6m、宽 2~4m，配置自动喷雾消毒设备。场外更衣室配置密码寄存柜、衣柜、鞋柜等物品，配套臭氧消毒机、消毒紫外灯。淋浴间配套热水淋浴设备。场内更衣室配置衣柜、鞋柜等物品，配套臭氧消毒机、消毒紫外灯。

（3）进场物资贮存消毒间。设进场物资贮存消毒间，大中型规模场用实心墙隔离为场外与场内贮物间，房间内配置镂空置物架，紫外线消毒灯，臭氧消毒机、喷雾消毒器，隔墙中间配置物品传递窗。

（4）隔离宿舍。设进场人员隔离用宿舍，配套相应设施设备。有条件的大型企业可以在场外设置进场人员隔离区。

（5）第二消毒区。在办公区和生产人员生活区之间设第二消毒区，内设消毒通道、办公区更衣室、淋浴间，生产区更衣室，同第一消毒区。不同区域人员所穿衣物可由猪场配置不同颜色标识。

（6）第三消毒区。在生产人员生活区与生产区之间，设消毒通道。有条件大型规模养殖场可在生产人员生活区和生产区之间设置消毒通道、生产人员生活区更衣室、淋浴间和生产区更衣室。

## 2. 生产区

（1）微雾消毒系统。在生产区围墙、每栋猪舍增设微雾消毒系统。微雾管微雾喷头悬挂于围墙上沿、舍外 2.5m 处，舍内高 2m 处，配套时控造雾机。

（2）猪舍消毒通道与值班室。大中型规模场设猪舍消毒通道与值班室，小型养殖场设更衣室和消毒通道，散养农户设消毒盆。猪舍入口设消毒通道，舍旁或舍内设值班室，配套卫生间、洗衣间，配置洗衣机、干衣机、蒸煮设备等；舍内单元入口处设脚踏消毒盆、挂衣、换鞋设施、洗手消毒盆等。

（3）供料和供水设施。供料：大中型规模场宜配置自动投料供料系统，推荐使用液态料线。供水：推荐使用自来水，地下水需配备水池、水塔或变频水泵。舍内通槽饮水宜改为独立饮水，宜采用鸭嘴式饮水器。大中型猪场推荐安装商业净水系统，中小型养殖场（户）可使用酸化剂净水。

（4）生物媒介防控。大中型规模养殖场围墙外设 5m 宽隔离区，小微型场（户）外设 2m 宽隔离带，均铺 5cm 厚碎石；

### ❖ 生猪养殖与非洲猪瘟生物安全防控技术

猪舍间散水外侧铺5cm厚碎石，0.6~1.0m宽；猪舍门、窗、进排风口、排粪口设鼠、鸟、蚊、蝇致密防腐铁丝网；赶猪过道和出猪台设置防鸟网；场内不保留鱼塘等水体（图2-6）。

（5）舍内改造。对于每个猪舍单元（配种怀孕舍除外）未达到全进全出的猪场，应调整母猪发情、配种、产仔时间做到全进全出。

大、中型猪场宜改为全封闭猪舍，采用小单元模式，单元间用实心墙隔离，包括妊娠舍、分娩舍、保育舍、育肥舍等。

a.猪舍防鸟防蚊蝇简易做法

b.猪场外防护板

c.猪场外防护板与灭鼠盒

d.猪场外防护网和防鼠碎石

图2-6　防控方式

每个单元猪舍宜改造为独立通风，不同单元猪舍内粪尿沟也应不相通。栏位间宜用高 1.0~1.2m 实体墙或实心板隔离。

若猪舍饲槽为通槽，改为 1 栏 1 槽。小型养殖场、散养农户增加猪舍门窗或卷帘，确保猪舍密闭。

确保猪舍内具有适宜的温热环境、空气质量符合猪的环境卫生要求，使猪只生活的环境不影响猪只健康。

（6）其他改造。大中型规模养殖场设独立采精区，建精液质量分析室，配套精液质量分析与贮存等设备。有条件的大型规模养殖场还须配备独立的疫病检测中心。各舍间设转运猪只清洗间，配置高温高压清洗设施设备。

### 3. 无害化处理区

（1）化尸池。推荐使用钢混结构一次性浇筑，也可采用砖混结构，做好防渗处理。池顶设投料口，加密封盖。

（2）尸体处理设施。大中型规模养殖场购置病死猪专用高温化尸炉或焚尸设备。

### 4. 其他

（1）视频监控设备。大中型规模养殖场场区无线网络（Wi-Fi）全覆盖，配置高清无线网络摄像头等视频监控设备，对防疫各关键点实现远程监控。

（2）智能化改造。鼓励大中型规模场进行智能化改造，建设"无人看守"猪舍。由中央系统集中控制环境、投料、消毒等过程。配备保育猪、育肥猪智能干湿料槽、哺乳仔猪智能保温箱等。

（3）物联网应用。大中型规模养殖场可利用天眼系统，对 500m 范围内猪只运输车辆实施动态监管；配置 PC 监控中心及移动手机 App，使用各种智能控制器，减少人员出入，实现猪场实时监测、数据采集、远程读取、远程控制、自动记录、联网报警等智能化管理。

### 三、猪场改造

以扬翔铁桶模式为例，列出猪场升级改造的具体措施。

#### 1.猪场改造设计原则

（1）基于猪场空间建立严格清晰的隔断边界。

（2）在边界处完成对所有可能危险因素的排除。

（3）对将进入猪场的所有人、物、设备等，用科学的方法进行彻底清理。

（4）所有人都要遵守以切断危险因素传播为目的的原则。

#### 2.猪场改造设计思路

（1）车辆消毒。分级阻断疾病的传播途径，猪场外围设置洗消中心、猪场一级洗消、猪场二级洗消，对靠近猪场的所有车辆做到多级消毒。

（2）人员管控。设置隔离中心、猪场大门洗澡消毒间、生产区消毒间、猪舍换衣间和洗手脚踏消毒设施，对进入猪场和在猪场工作的人员做到有效切断。

（3）封闭式猪舍。将猪群与外界进行隔断，有效防控老鼠、苍蝇、蚊虫、鸟、蜱等将疾病带入的风险。

（4）物品进场。通过防非中心消毒仓库、大门口消毒间、猪场消毒静置仓库，对进入猪场物品物资等进行严格消毒，有效切断病原微生物传入猪场。

（5）饲料进场。将料仓改为靠近围墙料塔，或将原有料塔移至围墙边，避免料车进入猪场带来风险。

（6）帘廊设计。猪场大门洗澡间、消毒间到生活区，生活区到生产区，生产区各栋猪舍及药房仓库等采用帘廊连接，使得人员、猪群、物品在流通时避免和外界接触，减少被污染风险。帘廊所用纱网为 20 目、丝径 0.2mm 的防蚊网。

### 3. 场外改造项目

场外改造项目主要包括建立场外防非中心和一、二级洗消点。

（1）场外防非中心。在场外防非中心建立防非物资仓库、食品配送中心、人员隔离中心、洗消中心、检测中心、数据管理中心（办公区）。

① 防非物资仓库：采购物资需要定点采购，物资消毒根据不同类别采用浸泡、熏蒸、烘烤等方式。消毒后需要存储 7d 以上。

② 食品配送中心：食品配送中心接受猪场基于防疫要求允许接受的食品材料，然后进行消毒，根据食品类别分别常温、冷藏或冷冻存放。由专车配送食品材料，取餐人员将分好的食盘根据场名搬上对应场车。

③ 人员隔离中心：人员隔离中心需建造净污分区的淋浴间，即污区更衣室、淋浴间、净区更衣室。还应建立消毒室，配置臭氧消毒箱。设立隔离宿舍，淋浴更衣后的人员住进隔离宿舍隔离。设置物品存放间，放置消毒后的物品。

④ 洗消中心：建立洗消中心，洗消中心的尺寸根据车辆

尺寸及多少建设。洗消中心的建筑包括车辆清洗、消毒房、车辆烘干房及污区停车区和净区停车区。

⑤ 检测中心：建立简易的检测中心，用于非瘟检测；或与有资质的机构签订长期合作协议，检测中心负责沟通、样品的安全采集及送检流程。检测室装修材料要求防水、易清洗、耐腐蚀。检测中心的设计可参考图 2-7。

⑥ 数据管理中心（办公区）：设置人员办公区，配备办公室及相应办公设施。

（2）场外一、二级洗消点。

① 一级洗消点距离猪场 100~300m，洗消点附近无病毒污染源。

② 二级洗消点位于猪场大门外。

③ 洗消点地面必须水泥硬化（最低要求要铺石渣，石渣厚度要求不能低于 10cm）。

④ 洗消点污水必须净区流向污区。

⑤ 洗消点配备洗消工具（高压清洗机，水枪、喷淋壶等）、

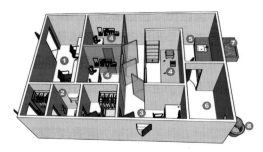

图 2-7　检测中心示意

注：① 办公区，② 洗澡换衣间，③ 收样室，④ 检测室，⑤ 清洗消毒间，
⑥ 无害化处理间，⑦ 污水集中处理池，⑧ 废品集中处理桶

消毒药（消毒药）、防护设施（水鞋、防护服等）。

### 4. 围墙

采用实体围墙把猪舍、宿舍、仓库等全部围起来；墙顶、中间安装防鼠板；围墙外侧铺 0.5m 以上宽的碎石子或硬化地面；围墙、墙根要求无孔、缝、洞、杂草、杂物、树木。

采用 1.2m 左右高的塑钢瓦围墙将生活区、生产区全部围在里面，外侧铺 0.5m 以上宽的碎石子或硬化地面，防止老鼠打洞进入舍内；围墙、墙根无孔、缝、洞、杂草、杂物、树木。

### 5. 猪场大门口

（1）大门加装防鼠板。猪场大门前从地面加装高 60cm 以上挡鼠板，并修补大门附近的漏洞（图 2-8）。

（2）大门处设置淋浴消毒间。洗澡间严格区分污区间（污区更衣室）、淋浴间、净区间（净区更衣室），三区需物理隔离（高 40~45cm 的门槛、活动门），淋浴间

图 2-8　猪场大门防鼠板

水不能飞溅或流到其他两间；淋浴间必须是 A/B 门单向消毒通道，污水无交叉，各区无积水；人员淋浴间需配备热水器，淋浴间定期喷淋消毒。

（3）物品传递窗、消毒间。猪场大门口设置物品传递窗、消毒间，窗口内外物理隔离；传递窗有门或窗，由猪场内控制开关；传递窗两侧配备不锈钢或其他平台；配备镂空货架、消毒盆及消毒设备（紫外灯、臭氧机等），用

于物品消毒（图2-9，图2-10）。

图2-9 猪场大门物品传递窗

图2-10 猪场大门物品消毒间

### 6.生活区

（1）生活区与生产区采用实体墙隔离。

（2）生活区建筑使用帘廊设计和纱网覆盖窗户，排水口采取防鼠和防蚊措施（图2-11）。

（3）厨房只接收和加工由食品配送中心经过严格消毒处理的食材，且配备餐具消毒柜，剩饭剩菜做无害化处理。

（4）生活区设置洗澡间用于生活区洗澡，洗澡间做定期的喷淋消毒，洗澡间水流向外围，排水管道密闭。

（5）生活区设置消毒静置仓库。该仓库配备A/B门，A/B门不能同时打开；配备熏蒸消毒，镂空货架等；物资进入生产区前静置1周

图2-11 生活区防蚊帘廊

以上。

### 7. 生活区 – 生产区

（1）生活区 - 生产区封闭帘廊。从生活区到生产区、生产区各栋舍间的道路用铁纱网

图 2-12 生活区 – 生产区纱网帘廊

进行密封，即做帘廊；帘廊上方及地面两侧建议采用铁板，四周用细密的纱网围住；内部地面建议硬化（图 2-12）。

（2）生活区 - 生产区淋浴消毒间。该位置淋雨消毒间结构与猪场大门口相同；污区间、净区间配备换鞋、换衣区，出洗澡间更换相应的衣服和鞋后进入帘廊；建议污区间、净区间各配备洗衣机和衣物烘干机；帘廊外活动的人员，必须洗澡及更换衣服和鞋才能进入帘廊内，洗澡间做定期的喷淋消毒。

### 8. 生产区

（1）生产区围墙。建立内围墙，将生活与生产区完全隔离分开；内围墙可用 1.2m 高塑钢瓦或彩钢板围墙防鼠和其他爬行动物；并在围墙墙角铺设防鼠带（硬化或铺石渣），防止老鼠打洞进入到舍内；围墙、墙根无孔、缝、洞、杂草、杂物、树木。

（2）猪舍围墙 / 防护网。

① 开放式猪舍密封。设立防鼠围墙（铁皮、砖等），参

# ◆ 生猪养殖与非洲猪瘟生物安全防控技术

考生产区围墙；防鼠围墙与猪舍屋顶、墙面间用铁纱网覆盖；网与墙面连接处无缝连接；猪舍门缝、窗户、天花板、电线、墙壁等漏洞封补或增加纱网封堵（图2-13）。

图 2-13　开放式猪舍密封

② 封闭式猪舍密封。窗户、风机、水帘口增加防鼠纱网；水帘一侧的挡鼠网、纱窗安装在水帘外侧；抽风机一侧在风机的内侧安装挡鼠网；防鼠网、纱网与墙面连接处无缝连接；猪舍门缝、窗户、天花板、电线、墙壁等漏洞封补或增加纱网封堵。

（3）猪舍。

① 猪舍门口：猪舍门前加装高60cm以上挡鼠板。

② 猪栏：猪栏之间及猪栏与过道之间采用实体隔墙（板）密封（图2-14），隔墙高度75cm；铁栏结构可用铁板、木板进行密封；栏门可由铁板、木板密封防止粪料水进入通道。

③ 猪舍消毒设施：每个栋舍配备单独的水鞋、工具、脚踏消毒池、洗手消毒盆。

④ 猪舍摄像头：在猪舍安装摄像头监控猪只情况。

⑤ 猪舍通风设计：将猪栏间挡板设计为可拆卸，猪

图 2-14　钢栏杆猪栏改为实体隔墙

舍需要增大通风量时可将挡板移开改善通风；改善通风方式进
而改善猪舍内空气质量。

⑥ 赶猪通道：设立从猪舍门口到出猪台的赶猪通道；赶
猪通道用帘廊密闭；地面建议硬化；配备专用的清理、消毒工具，
专用的垃圾桶或垃圾袋。

⑦ 应急通道：设立应急通道，紧急状态下将死猪、淘汰
猪迅速运至场外进行处理，
要求具有相关标识，配备彩
条布、死猪车、赶猪板等工
具，并具有人员物品消毒、
无害化处理相关设施设备。

### 9. 场区其他部分

① 卸料区：卸料区位
于围墙外；地面硬化或者
铺石渣（10cm 厚）；需配
备移动消毒设备（图 2-15）。

② 树木、杂草、杂物：
生产区内的所有的草、杂物
彻底清除；地面铺石子。

图 2-15 卸料区位于围墙外

③ 排污口、排水口封网：
排污口、排水口采用 304 不
锈钢防鼠网（孔径 10mm ×
10mm，丝径 1.0mm）进行
密封（图 -16）。

图 2-16 排水口封网

④ 场区摄像头：猪场安装监控摄像头，可随时监控猪场各个角落位置动态防"人祸"。

⑤ 猪场 AB 供水水罐：猪场至少配备 2 个水罐；2 个水罐独立给猪饮水供水，不能联通在一起；2 个水罐交替使用，有足够的消毒药反应时间。

⑥ 料塔：猪场必须有料塔（不一定要有料线）；料塔必须建在外围墙内侧，方便散装料车能在围墙外把饲料传送到料塔。

⑦ 内外隔离料房：料房除设置对外门口和对内的溜管外，不可有门窗；包装料卸入后需要熏蒸；饲料通过溜管或绞龙输送进入生产区，确保包装袋不进入生产区；在料房对外的门外侧，需放置专用水鞋，进入时需换鞋。

⑧ 无害化处理区：对猪场病死猪及废弃物等进行无害化处理，防止病源传播；设定专用路线，不与猪群、人员路线交叉；配备化尸池或焚烧炉。

⑨ 粪污处理：对猪场所产生的污水、粪便处理的相关设施设备齐全；能够通过环保测评。

# 第三章
# 洗消中心的建设与管理

做好进出猪场人流、物流、车流生物安全有效防控，其中车流防控最关键，因为其他方面的生物安全防控，养殖场经过努力，自己可以做到，而携带病毒的运猪或饲料车辆在猪场与猪场之间、猪场与屠宰场之间、猪与饲料厂之间流通，存在交叉传播风险。所以洗消中心的生物安全防护功能至关重要，最终实现消灭传染源、切断疫病传播途径的目的，其重要性、迫切性前所未有地凸显出来。只有对生猪运输专用车、生猪运输车洗消中心、洗消规程及监管等进行详细规范，从而切断疫病传播风险。

## 第一节 洗消中心的功能

洗消中心就是对进出猪场的车辆进行清理、清洗、杀菌消毒、烘干的专门设施。清洗结束后将车辆驶入烘干房进行高温杀菌消毒。一定要有效清洗，有效消毒。非洲猪瘟病毒对高温敏感，70℃/30min 或 85℃/3min 即可灭活，因此通过洗消中心高温和充足的时间，车辆携带病毒这条传播途径便得到了有效的预防，阻断了病毒的入侵，构建生物安全重要防线。

## 第二节 洗消中心的分类和组成

### 一、按照场地分类

屠宰场车辆洗消中心、猪场洗消中心、第三方洗消中心、运输车辆集中洗消中心、猪场车辆洗消中心、兽医院洗消中心。

### 二、按照方式分类

单体清洗设备、全自动清洗消毒车、高温消毒系统和中央清洗系统。

### 三、组成

（1）单体清洗设备。如移动冷热水高压清洗机，固定式清洗机，底盘高压清洗机等（图3-1、图3-2），尤其是底盘高压清洗机必须配置。

（2）全自动洗车机。适合大、小型车辆清洗消毒。

（3）高温消毒系统。控温消毒自动化。

（4）中央清洗系统。多用于养殖场、屠宰场、食品厂清洗消毒。控温消毒自动化、智能化程度高，投入成本高，适合养殖大集团使用。

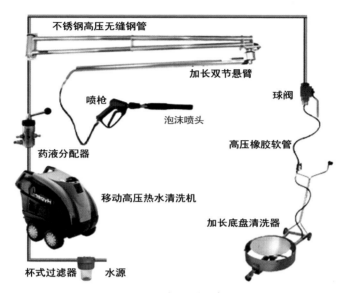

图 3-1 手动洗消设备

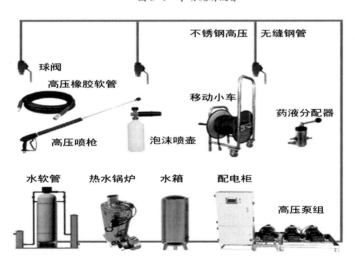

图 3-2 移动底盘清洗机

### 第三节 洗消中心的建设

#### 一、选址

洗消中心选址应在距离猪场 500m 以外区域，距离其他动物养殖场 / 户大于 500m。设计符合"单向流动"原则，保证污区和净区分离，避免交叉污染。考虑风向、排水等具体细节，保证污区处于下风向，外部排水由净区排向污区，并设置污水处理区。

#### 二、规划布局

洗消中心分为 3 个区域：预处理区、清洗区和高温杀毒区（图 3-3），功能单元包括值班室、洗车房、干燥房、物品消

站区出口
停车待出
烘干站
停车沥水
清洗站
停车待洗
站区入口

高温杀毒区
清洗区
预处理区

图 3-3 洗消中心布局

毒通道、人员消毒通道、司乘人员休息室、动力站、硬化路面、废水处理区、衣物清洗干燥间、污区停车场及净区停车场等。设立1个监测实验室，对水质、消毒剂等洗消工具进行检测，同时对消毒效果进行监测评估，以此确保洗消效果。

## 三、建筑设计

北方地区洗消中心建筑要具备冬季保温能力以及自动排空防冻、防腐蚀功能。清洗车间内置防腐铝塑板或其他耐腐蚀材

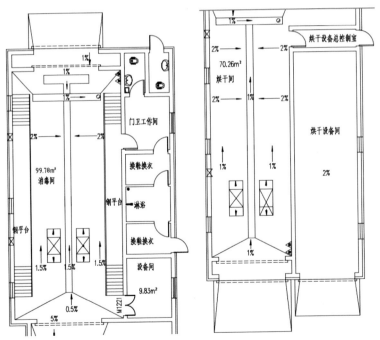

图 3-4 洗消中心的清洗车间平面图　　图 3-5 洗消中心的烘干车间平面图

注：图 3-4 和图 3-5 的清洗车间和烘干车间可前后连续布置

料，设置清洗斜坡（5%坡度）便于车厢内部排水；北方地区烘干车间要做好保温及密封，保证高效烘干。烘干车间两侧建耳房，便于热风流通循环。设置污区、净区；净区位于污区常年主导风向的上风处，污区、净区之间以围墙或绿化带隔离，车辆、人员和物品严格实行由污区进入洗消中心到净区出去单向流动的洗消流程。洗消中心的清洗车间和烘干车间分别见图3-4和图3-5。

## 四、建设要求

### 1. 预处理区

功能单元建设车辆洗消中心入口、值班室、物品消毒通道、人员消毒通道、动力站、硬化路面、污区停车场等。

### 2. 清洗区

（1）功能单元。建设司乘人员休息室、洗车房、硬化路面、废水处理区、衣物清洗干燥间及停车沥水区等（图3-6、图3-7）。

（2）设备设施。配备热水高压清洗消毒机、清洗平台、沥水台、底盘清洗机、清洗吹风机、真空吸尘器、臭氧消毒机等。

图3-6　洗消中心清洗区

图3-7　停车沥水

（3）通道建设标准。按照服务猪场的每天最大车流量来评估和核算车辆洗消中心洗车房的通道数量，设计单通道、双通道或多通道。单通道洗车房内部尺寸为18m×7m×6m（长×宽×高），多通道根据通道数量按比例增加洗车房的宽度（图3-8）。

（4）清洗要求。水压要保证13MPa以上，北方地区冬季最好使用40~45℃热水

图3-8 洗车通道

冲洗防止结冰。可喷洒泡沫消毒剂或用过硫酸氢钾、戊二醛、2%柠檬酸、2000mg/kg次氯酸钠等消毒剂对车辆消毒30min以上。

**3. 高温杀毒区（烘干车间）**

（1）设计要求。如果加温到70℃时维持该温度要求控制在30min以上；加温到85℃时维持该温度要求控制在3min以上。

（2）设备选型要求。假设烘干车间尺寸为20m×4.5m×5m，要求外墙和屋顶均采用不燃烧材料，墙体传热系数不大于0.35，屋顶传热系数不大于0.23，大门传热系数不大于4.0W/cm²·k。烘干机器的加热能力可参考表3-1。

（3）建设要求。清洗车间和烘干车间，要结合车辆尺寸建设。清洗车间与烘干车间间距一般在20m以上，中间设置

表 3-1　烘干设备在不同室外温度下所需加热能力

| 室外温度 /℃ | 室内温度 /℃ | 烘干时间 /min | 耗能量 /kwh | 热负荷/Kw（设备加热能力） |
|---|---|---|---|---|
| -20 | 70 | 30 | 13.5 | 27 |
| -20 | 85 | 3 | 1.6 | 31 |
| -30 | 70 | 30 | 15 | 30 |
| -30 | 85 | 3 | 1.7 | 34 |
| -10 | 70 | 30 | 12 | 24 |
| -10 | 85 | 3 | 1.4 | 28 |
| 0 | 70 | 30 | 10.5 | 21 |
| 0 | 85 | 3 | 1.3 | 25 |

图 3-9　清洗车间与烘干车间间距

车辆沥水区，减少污区与净区的交叉污染（图 3-9）。

（4）功能单元。建设烘干房、物品消毒通道、人员消毒通道、动力站、硬化路面、净区停车场、车辆洗消中心出口和监测实验室等（图 3-10）。

图 3-10　洗消中心高温杀毒区

图 3-11　配套燃气

（5）设备设施。应配备大风量热风机、热水高压清洗消毒机、液压升降平台、循环风机、臭氧消毒机、检测仪器设备等。有燃气条件选购燃气热风机，没有燃气条件可以选购大风量燃油热风机（图 3-11）。

## 第④节　洗消中心操作技术规程

### 一、车辆检查、采样、登记流程

（1）车辆到达洗消中心前需要先在外面初洗，精洗，开具合格证明。

（2）检查车辆清洗情况和上一节点洗消合格证，确认无猪粪、猪毛和泥沙。

（3）对驾驶室，车厢，底盘，轮胎等多点采样。

（4）登记。

### 二、精洗流程（图 3-12 至图 3-18）

（1）工作人员引导车辆进入洗消中心，到达洗消间。

（2）司机下车，按指定路线的前往人员消毒通道，洗澡、洗头。换衣鞋，前往休息室等待。

（3）工作人员将专业泡沫清洁剂按比例稀释后，用高压发泡装置喷洒车厢内外、轮胎、底盘等。

（4）全面覆盖无死角，驾波室脚垫拿出清洗，浸泡 15min。

（5）50-60℃高压热水冲洗，底盘清洗机冲洗底盘。

### 三、消毒流程

（1）车体沥水至无积水和滴水。

（2）用消毒液浸泡的毛巾，对方向盘、前车窗、仪表台、座椅、靠背、脚踏板、两侧车窗，两侧车门内侧热擦拭消毒，对驾驶室内部可喷雾消毒。

（3）用高压清洗机对全车里外喷淋消毒，重点为车厢内死角部分、轮胎、底盘等。

（4）打开驾驶室门和车厢后门，关闭洗消间大门，在全密闭情况下对车辆自动喷淋消毒 1~2min，喷雾消毒 2~3min。开启弥雾熏蒸消毒机，喷药 20~60s，密闭熏蒸 1h。

### 四、烘干流程

（1）消毒结束后，将车开往烘干间。

（2）打开驾驶室门和车厢后门。

（3）将车厢温度计探头放入车厢，并检查其他3个温度计探头。

（4）关门密闭烘干间，开启加热设备。

（5）待 4 个温度计升到 70℃之后开始计时，持续烘干 30min。

### 五、采样、开具证明、放行流程

烘干结束；对车辆采样；检测合格，开具证明放行。

## 第五节　管理措施

　　洗消中心建成后，监督管理措施十分重要。监督管理不到位，洗消中心就会形同虚设。有的地方消毒监管不严，惩处措施不到位；有的猪场存在车辆消毒不规范、不彻底的问题，车厢、轮胎还残留着动物粪便等污物，即不清理干净，进行消毒程序，起不到真正消毒的作用。

　　首先，养殖企业自身要承担起防疫主体责任，充分认识到清洗消毒的重要作用。一是要建立精细化管理制度，制定洗消程序和效果验收标准，以达到科学管理、规范洗消的目的。二是要健全组织、执行、检查、奖惩、培训等方面规章制度。三是健全领导机制，建立专门监督管理，通过明确责任、建立专人巡查登记等工作机制，抓好监督检查落实。

　　其次，在行业监督管理方面，要完善车辆消毒效果的评估标准和处罚标准，以做到评估和处罚有据可依。将车辆洗消证明纳入到动物检疫合格证明管理中，实行全链条监管，以达到消毒灭病的目的。

a. 烘干间　　　　　　　　　　　　b. 清洗间

图 3-12　并列式洗消中心前部

a. 清洗间        b. 烘干间

图 3-13 清洗间内部

图 3-14 洗消中心后部

图 3-15 洗消中心后部       图 3-16 洗消中心热风系统

图 3-17 洗消中心布局

图 3-18 洗消中心底盘清洗

## 第六节 生物安全防控关键控制点

为了真正达到切断病毒的目的，根据猪场管理可以把洗消中心分多级管理，从猪场外到猪场内一般按顺序至少分为：一级洗消中心（预洗消＋烘干）→二级洗消中心（精洗消＋烘干＋中转）→三级洗消中心（猪场大门消毒通道）。

洗消前要对车辆进行认真检查，确认车牌号与报检信息一致；确认车辆清洁干净（即车体、车厢、驾驶室无杂物及粪便残留），车辆中（驾驶室）不可有猪肉和肉制品，如不达标，禁止进入，返回上级洗消点。

车辆清洗时，确保清洗顺序从内向外，从前往后，从上往下；确保使用清水对车辆车厢内外、底盘、车轮、挡泥板及车头等进行全部清洗，不留死角，无任何残留，并把轮胎缝隙内石子挖出；确保使用泡沫喷枪将清洗剂以泡沫形式覆盖车厢内外、底盘、车轮、挡泥板及车头全车，静置 10min 以上；确保驾驶室和副驾驶室清理干净杂物，驾驶室脚踏板取下冲洗干净，脚踏位置拖干净。

车辆消毒时，确保消毒顺序从内向外，从前往后，从上往下；使用 1∶200 正典双杀对车厢内外、底盘、车轮、挡泥板及车头等进行全面喷洒，保持湿润 10min；在喷洒消毒剂时将压力调低，避免消毒剂大量的浪费；车辆消毒后开往沥干区，沥干 10min。

车辆烘房要保证密闭性和温度的均匀性；车辆烘干时要打开车厢门，将热风炉移至车厢尾部并调试好，并打开热风炉；

烘干时关闭进、出口门达到密封效果，按规定时间烘干直至车厢内无明显水迹。

中转站洗消时分别在外侧和内侧进行洗消，不可交叉，内侧洗消员负责内侧车辆洗消和赶猪，禁止进入中转站外侧；外侧洗消员负责外侧车辆洗消和赶猪，并禁止进入中转站内侧；每次使用中转站后，需进行场地清洗消毒。

专职人员检查确认车辆洗消是否合格，检测合格后，进入"待调度"状态，方可安排经过洗消合格后的司机及押车人出车。

# 第四章
# 非洲猪瘟防控的消毒措施

目前，针对非洲猪瘟既无安全可靠的疫苗，也无有效的治疗药物。控制该病的主要方法是扑杀被感染的猪只并保持高标准的生物安全体系，而消毒则是其中非常关键的一环。非洲猪瘟病毒对外界环境有很强的抵抗能力，不同种类的消毒剂对非洲猪瘟的杀灭效果也有所不同。本章主要介绍针对非洲猪瘟防控中养猪场消毒设备设施的选型、有效消毒剂的选择以及不同场景下的消毒措施。

## 第一节 消毒设备设施选型

### 一、冲洗喷雾消毒机

冲洗喷雾消毒机工作时，柴油电动机带动活塞和隔膜往复运动，将清水或药液吸入泵室，然后被加压后经喷枪排出。工作压力大于 15kg/cm$^2$，流量 20L/min，冲洗射程 12m 以上。

其主要优点是：高压冲洗喷雾可较
为彻底地冲洗车身外表；喷枪为可
调节式，既可冲洗，又可喷雾；体
积小，机动灵活，操作方便。

　　冲洗喷雾消毒机包括手持式消
毒机（图4-1）和移动式消毒机（图
4-2）等机型，主要用于车辆、猪舍
以及猪场道路的消毒（图4-3）。

图 4-1　手持式高压消毒机

图 4-2　移动式高压消毒机

图 4-3　道路车辆消毒通道

## 二、火焰消毒器

　　对于猪场而言，在药物喷雾消毒过程中消毒剂无法完全覆
盖待消毒物品的表面，而使用消毒剂浸泡消毒物品则存在用药
量大以及药物残留较多等问题。火焰消毒可克服以上缺点。火
焰消毒器是一种利用石油液化气或煤气燃烧时产生的高温火焰
来杀灭环境中的细菌、病毒、寄生虫等有害生物的仪器，火焰
温度可达数百摄氏度。火焰消毒器利用高温火焰对舍内的猪栏、
食槽等设备及建筑物表面进行瞬间高温燃烧，以达到杀灭病原

生物体的目的。对猪舍建筑物表面进行火焰消毒时，应保证猪舍建筑材料为非可燃材料。火焰消毒器的优点主要有：消毒彻底、效率高、操作方便、低耗、低成本；消毒后设备和栏舍干燥，无药液残留。

### 三、次氯酸发生器

次氯酸氧化性强，可以快速、广谱地杀灭各种细菌、病毒，并且不会导致细菌产生耐药性。这种设备通过将盐和水电解生成微酸性的次氯酸杀菌溶液（pH值为5.0~6.5，有效氯浓度为80~150mg/L）进行消毒，杀菌后可被降解，无毒、无残留，不腐蚀设备，可带活

图4-4 次氯酸电解水消毒机

体进行喷雾消毒，有效控制动物疫病。投加到禽畜饮用水中（水中余氯浓度为0.3~0.5mg/L），可以快速杀灭饮水管线内各种病原微生物（图4-4）。

### 四、臭氧消毒机

可利用臭氧的特性对养猪场所进行消毒、杀菌、净化。养殖场所采用臭氧技术分三个方面：一是使用臭氧消毒机对猪舍进行消毒、杀菌和空气净化，当猪舍内臭氧浓度为0.77~3.1mg/m$^3$

并作用 40min 时，猪舍内 NH$_3$、TSP 和微生物降解率可分别达到 31.9%、53.7% 和 52.9%。二是用于消毒通道消毒，当消毒通道内臭氧浓度为 8.3mg/m$^3$ 并消毒 50~90s，关闭消毒设备后继续消毒 20min 时，杀菌效率为 96% 左右。三是利用臭氧对猪场进行供水消毒，水中臭氧浓度 >0.3mg/L 时，可使得供水水质中大肠杆菌指标达到 GB 5746《生活饮用水卫生标准》要求。四是可用于物品的消毒，消毒间内臭氧浓度达到 19.6mg/m$^3$ 并作用 30min，可以灭活 99% 以上的病原微生物。臭氧在完成消毒、杀菌、除异味的过程后被还原为氧气，因此不会造成二次污染。

臭氧消毒机包括遥控壁挂式臭氧消毒机、移动式臭氧消毒机等机型。

## 五、超声雾化自动消毒机

采用超声雾化技术，电子超频振荡（振荡频率为 1.7MHz，超过人的听觉范围，对人体和动物无害）消毒剂，通过雾化片的高频谐振，将药剂抛离水面而产生自然飘逸的水雾，将消毒剂雾化成直径为 1~10μm 的微细雾粒，并将它喷到所需消毒空间，达到杀灭空气中病原微生物的效果。它与目前采用的紫外线照射、福尔马林熏蒸等消毒手段相比，对人体影响较小。自动感应喷雾消毒设备可应用于饲料厂、养殖场的人员消毒。区别于传统的喷淋式消毒技术，该技术产生的微小雾粒，人体无淋雨感，从而保证了消毒剂与空气的充分混合，使消毒剂分子 360° 无死角杀灭病原微生物，可保证消毒的彻底性。

## 六、人员消毒通道红外线自动感应消毒机

自动感应喷雾设计：当饲养管理员进入喷雾消毒通道，机器在自动感应到人体红外线后遥控开机，自动雾化消毒剂，并可以设定消毒时间；离开喷雾消毒通道后，自动关闭喷雾。该设备可智能控制消毒液水位，统一动作，实现饱和喷雾，消毒均匀（图4-5）。

图 4-5　人员消毒通道

人员消毒通道喷雾主机有以下3种工作模式选择：

（1）强制自动控制喷雾消毒。红外感应开关探测到人员进入后，控制系统即时自动向喷雾消毒主机输出喷雾指令，人离开感应区后控制系统向自动喷雾消毒主机输出关闭指令，完全自动操作并且具有强制性，只要经过喷雾通道，系统就会自动喷雾并可根据终端客户具体情况加装自锁装置。

（2）饲养管理员可以在远距离外遥控启动本机喷雾并按设定的运行时间进行消毒。该功能可以让消毒机在母猪产房、保育间、仔猪引进缓冲间、种猪消毒间等工况下运行，达到一机多用的目的。

（3）手动控制喷雾。可自动保持水位，直到把机器内消毒剂全部雾化完毕。具有水位感应功能，当液面低于安全线时会自动停机，防止主板烧毁。

## 七、 车辆消毒机

车辆消毒机是一种以大功率电机及超高压专用泵组组合为基础，集自动上水、自动加药、自动感应为一体的综合性全自动化的消毒专用设备（图4-6）。

a.车辆清洗消毒通道外景
（通道外侧设门卫）

b.车辆通道进入前端是清洗，其次再消毒

图4-6　美国养殖场的车辆自动消毒通道

消毒设备自动化程度高，操作简便，性能稳定，可根据客户要求提供手动控制消毒、遥控控制消毒、无人值守全自动化消毒等不同模式。其中，遥控控制技术以汽车遥控控制技术为基础，自动感应控制技术是交通红绿灯及高速收费站所使用的自动感应控制技术。

采用集成单片机控制程序，用户可根据自己现场需要设置消毒时间以及反向控制时间；高精细比例加药器会将药液按设定比例输送到前置药箱中与水充分混合，保证药效发挥；动力装置带动高压液体流向高速旋转的特制喷头，在此过程中把药液破碎雾化为极小的细微颗粒，雾粒直径 10~100 μm，外观呈汽雾状。在高速旋切水流和喷嘴内特殊结构的共同作用下，雾化后的颗粒呈现很强的冲击性、弥撒性、均匀性，做到 360° 全方位、无死角消毒。

## 八、烘干机

烘干机可分为饲料烘干机、衣物烘干机、猪舍烘干机（图 4-7）。烘干机的热源主要为电。物料在烘干过程中有热风气流式和辐射式等不同方式。饲料烘干机一般要求烘干温度和时间最低为 85℃ 3min。衣物烘干机内最高温度一般为 80℃，当温度设置

图 4-7 烘干设备

为 70℃时，烘干时间应不少于 30min。猪舍烘干机一般烘干温度为 60℃，烘干时间不少于 2h。在非洲猪瘟的防控中，饲料烘干机、衣物烘干机和猪舍烘干机是饲料、衣物和猪舍空栏管控最为有效的设备。

## 第⬡节 有效消毒剂的选择

### 一、甲醛

甲醛（methanal,CH₂O）是一种以自由溶于水的气体形式存在的单醛，常以液体和气体的形态作为消毒剂。用于消毒时

主要使用含有 37% 甲醛（w/v）的福尔马林。甲醛是一种可与蛋白质、DNA 和 RNA 相互作用的、反应性极强的化学物质。这种相互作用是基于蛋白质的氨基和巯基烷基化以及嘌呤基的环状氮原子。甲醛具有杀菌、杀孢、杀病毒的作用，但其作用比戊二醛慢。虽然甲醛是一种高效的消毒剂，但它的刺激性气味限制了它的使用，即使非常低浓度的甲醛（<1mg/kg）味道也很大。甲醛可引起类似哮喘的呼吸道问题和皮肤刺激，如皮炎和瘙痒，过量摄入甚至可以导致死亡。这大大限制了其作为 ASF 防控中消毒剂的使用范围。甲醛通常用于为电气设备熏蒸消毒以杀灭 ASFV。

## 二、次氯酸盐

次氯酸盐是最常用的氯类消毒剂，其液体（如次氯酸钠）或固体（如次氯酸钙）形式均可以用于消毒。氯化合物是清洁表面的良好消毒剂，但会很快被有机物灭活，因此会显著丧失杀菌活性。次氯酸钠是一种化学式为 NaOCl 的次氯酸钠盐，属于氯释放剂（CRAs）的一类。被称为家用漂白剂的次氯酸钠水溶液（5.25%~6.15%）是家庭中最常用的氯产品。它们广泛用于硬表面消毒，但也用于食品和奶制品行业和饮用水的终端处理。在水中，次氯酸钠电离生成 $Na^+$ 和次氯酸根离子（OCl）$^-$，与次氯酸（HOCl）形成平衡。虽然该溶液相对稳定，但作为消毒剂的效果较差。酸性较强的 pH 值环境对次氯酸的形成是有利的。虽然这种化合物远不如次氯酸根离子稳定，但它是一种高效的氧化剂和有效的抗菌剂。

次氯酸钠具有广谱抗菌活性，它可有效地杀灭细菌、病毒、真菌和孢子，毒性残留较低，可以以较低的成本大量生产。虽然对氯的确切作用机制还不是很清楚，但一般认为氯对微生物的致死作用是由次氯酸结合氧化（或氯化）细胞蛋白引起的，对多种官能团具有反应活性。几乎每一种被检测的病毒都被证明对某种程度的氯敏感，次氯酸钠常被推荐作为病毒病原体的标准消毒剂。据报道，25 种不同的病毒在 10min 内都能被 200mg/kg 有效氯灭活。因较低浓度的次氯酸钠就会有很好的消毒效果，因此被推荐用于灭活 ASFV。此外，副痘病毒属的研究证实，次氯酸钠作为消毒剂对有囊膜的病毒具有杀灭作用。次氯酸是世界动物卫生组织合作中心和美国动物生物制品国际合作研究所推荐的针对痘病毒的消毒剂之一。次氯酸可能被认为是一种通用的消毒剂，但长期储存会降低其有效性，因此在使用前有必要检查其活性。浓度为 0.5% 的活性氯就可以达到比较满意的消毒效果。

## 三、 碱性消毒剂

氢氧化钠（烧碱）、氢氧化钙（石灰）和碳酸钠（洗涤碱）都属于碱性化学物质。烧碱是强碱。它的消毒作用是建立在游离的氢氧根离子的形成上，氢氧根离子会导致蛋白质变性、脂肪皂化。与次氯酸盐会被有机物质灭活相反，氢氧化钠在有机物质存在的情况下仍然有效。氢氧化钠已被证明可以有效地灭活带囊膜的病毒，如人类免疫缺陷病毒和伪狂犬病病毒。

氢氧化钙（石灰）通常被用来改变土壤的 pH 值，稳定动物粪便，减少臭味，在农业地区经常使用。作为消毒剂，氢氧化钙已被证明可以降低粪浆和废水处理过程中的病原体水平，特别是病毒水平。目前已经有两种利用其消毒能力的技术，这两种技术已被确认可能适用于灭活猪粪浆中的 ASFV：一种是热处理，另一种是加入碱性化学物质，特别是氢氧化钠或氢氧化钙。这些方法相对容易，一般成本较低，消毒后的粪浆（特别是热处理后的）可以按常用的方式处理。有实验发现在 4℃ 和 22℃ 条件下，氢氧化钙分别在 1% 和 0.5%（w/v）的浓度下 30min 内可灭活 ASFV；22℃ 下，1%、0.5% 和 0.2%（w/v）的氢氧化钠效果很好；4℃ 下，1% 和 0.5%（w/v）的浓度效果很好，0.2% 的浓度在此温度下无效。温度对 ASFV 的化学失活有影响，22℃ 时的失活浓度低于 4℃ 时的失活浓度。在 ASF 爆发的情况下，必须采取消毒措施，用 2% 的烧碱溶液清洁单元、大面积表面和交通工具。2% 的烧碱溶液是最强的灭活 ASFV 的化合物。

## 四、戊二醛

戊二醛是一种重要的双醛，可用作消毒剂和杀菌剂，尤其用于低温消毒。戊二醛水溶液呈酸性，一般在这种状态下不具有杀孢作用。它在 pH 值为 7.5~8.5 时作用最强。在其他 pH 值下，其作用可减弱 36 倍。在有有机污染物的情况下，效果稍差。革兰氏阳性与革兰氏阴性细菌、真菌和病毒对戊二醛敏感，而细菌孢子和结核分枝杆菌对戊二醛中度敏感。戊二醛作为一种潜在的杀病毒制剂也被用于灭活 ASFV。该机制的实际作用尚不清楚，但它涉及变性蛋白、破坏生物膜、代谢蛋白 - DNA 交联障碍和衣壳改变等方面。它对金属没有腐蚀性，也不会损坏有透镜的仪器、橡胶或塑料，这就是戊二醛通常被用于对不能高温消毒的塑料进行消毒的原因。戊二醛是一种有毒的潜在致癌物，在消毒过程中应密切监测与戊二醛的接触以确保安全。

## 五、苯酚

苯酚呈结晶状（白色或无色晶体），有一种特殊的强烈气味。它是古老的防腐剂之一。苯酚浓度为 0.1%~1% 时为抑菌剂，1%~2% 时为杀菌剂。5% 的溶液可以在 48h 内杀死炭疽孢子。乙二胺四乙酸和高温可增强其杀菌作用，然而，碱性介质（通过电离作用）、脂质、肥皂和低温可以降低其杀菌作用。高浓度时，苯酚可穿透并破坏细胞壁，沉淀细胞蛋白。低浓度的苯酚和高分子量的苯酚衍生物会导致细菌死亡，其原因是大量的酶系统失活和重要代谢物从细胞壁渗漏。苯酚对有机物有良好的穿透力，主要用于消毒设备或销毁有机物（如受感染的食物和排泄物）。酚类物质是酚类衍生物。这些消毒剂通过膜损伤、蛋白质变性和凝固来发挥作用。它们对有囊膜的病毒有效，包括 ASFV、立克次氏体、真菌和细菌繁殖体。它们在有机物质存在时也比其他消毒剂更活跃。甲酚、六氯酚、烷基和氯衍生物以及二苯比苯酚本身更有活性。酚甲基衍生物是甲酚 [$C_6H_4（CH_3）OH$，羟基甲苯] 的邻位、间位和对位异构体，甲酚是这三种异构体的混合物。这是另一种重要的消毒剂，其消毒活性是苯酚的 10 倍。甲酚是由煤焦油蒸馏得到的。甲酚和树脂皂混合可得到克辽林（煤酚皂溶液），甲酚和钾皂混合可得到来苏儿，用于消毒仪器和医疗设备（3%~5% 的浓度）、手（1%~2% 的浓度）和地板、墙壁和家具（5%~10% 的浓度）为浴室用 10% 的溶液消毒。甲酚是一种深棕色的浓稠液体，与水混合后形成悬浮液。

## 六、季铵盐类

季铵盐化合物是分子中含有 4 个有机基团的离子化合物，与氮原子（包括 3 个共价键和 1 个配位键）相连。氨的排位是由氨分子中氢原子和被碳原子取代的自由氮电子对的数目决定的。该分子的亲水元素为氮阳离子，疏水片段为烷基链。这种化学结构在界面和与表面的相互作用中提供了独特的激活特性。季铵盐化合物的表面活性也由脂肪族碳链的长度决定；12~14 个碳原子时活性最高。许多抗菌产品含有季铵盐和其他添加物的混合物，以提高其效力或针对特定的微生物群。季铵盐是一种膜活性物质，与细菌的细胞膜相互作用。它们的疏水性也使它们对有囊膜的病毒有效。季铵盐也与细胞内靶分子相互作用并与 DNA 结合。根据产品配方，它们会对没有囊膜的病毒和孢子也有效。

季铵盐虽被广泛用作消毒剂，但不推荐作为抗菌剂使用，已经有几起案例确认在皮肤和组织上使用之后依旧会引起疾病暴发。它们通常用于非关键表面的普通环境消毒，如地板、家具和墙壁。季铵盐的毒性一般较低，但长期接触会刺激皮肤和呼吸道。有试验证实，0.003% 的季铵盐浓度对包括 ASFV 在内的 4 种有囊膜的病毒非常有效。季铵盐可诱导有囊膜的病毒的分离，对这些病毒的抑制作用比其他消毒剂强得多。

## 七、新型微酸性电解水

微酸性电解水高效、广谱、杀菌效果稳定。微电解制备的杀菌消毒剂中的有效氯几乎完全以具有极强杀菌效果的次氯酸分子（HClO）存在，其杀菌能力是次氯酸钠的 80 倍左右。HClO 在有效氯中杀菌效果最好，选用 pH 值在 5.0~6.5 区间内的微酸性电解水，有效氯的存在形态基本为 HClO。有效氯浓度为 20~150mg/L。可用于场地环境、设施器具、水、饲料的消毒。

## 八、碘酸溶液

碘酸溶液为碘与酸制剂的混合消毒液，碘具有穿透能力，通过氧化、卤代反应破坏细胞壁、细胞膜，使细胞质外渗，细胞核同时也被破坏。碘酸溶液，有效成分为碘以及磷酸和硫酸。碘酸溶液可有效杀灭非洲猪瘟病毒，碘酸溶液可大幅度降低环境 pH 值，更易灭活非洲猪瘟病毒。根据检测，0.5% 稀释碘酸溶液消毒液，其 pH 值只有 2.0 左右，而非洲猪瘟病毒在 pH 值低于 3.9 时就可以被灭活；另碘酸溶液可溶解破坏病毒囊膜。非洲猪瘟病毒属于囊膜病毒，其囊膜是一种脂类物质，碘酸溶液可以溶解并破坏病毒囊膜结构，使病毒失去对环境的抵抗力。碘酸溶液在消毒时对人畜刺激性小，使用更安全。所以碘酸溶液在浓度为 0.5% 的情况下可以有效达到消毒效果。

## 九、过硫酸氢钾

过硫酸氢钾是无机物，其消毒有效成分是单过硫酸根离子。单过硫酸氢钾是中性盐，其水溶液的酸性是由于复合盐中硫酸氢钾溶解产生氢离子造成的，但是其在酸性条件下稳定性更好，碱性条件下则会快速分解。复配后的过硫酸氢钾复合盐是将氯化钠、有机酸与单过硫酸氢钾制成的复合盐消毒剂，在水溶液中，利用单过硫酸氢钾特殊的氧化能力，在水中发生链式反应，不断产生新生态氧、次氯酸、自由羟基、过氧化氢，通过氧化作用可以改变细胞膜的通透性使之破裂，从而达到杀灭细菌、真菌、原虫、病毒的目的。由于其刺激性小、副作用少，常用作人员雾化消毒、洗手消毒，衣服、物资的浸泡消毒以及带猪消毒等。

## 第三节  猪场消毒措施

### 一、环境

对于场区大环境，安排专人分区进行消毒，可每 3 天使用 2% 烧碱喷洒或者生石灰抛撒 1 次。

对于办公楼、宿舍楼内环境可使用 0.5% 过氧乙酸或 1000mg/L 含氯制剂喷雾，早晚各 1 次。办公室、过道、餐厅、传递窗、卫生间等放置免洗消洗液，随时进行手部消毒。

对于生产区猪舍连廊由生产区专人负责，每 3 天使用 2% 烧碱喷洒 1 次；场区通道、过道每天使用 2% 烧碱、2% 戊二醛进行喷洒 1 次；舍内值班室、器具每天喷雾消毒 1 次。

## 二、人员

人员是将病原带入猪场的主要媒介之一，凡是进入猪场的人员必须严格消毒。猪场大门处要设置人员洗澡间，凡是进场人员都要洗澡，更换场内生活区衣服、鞋子后方可进入猪场。工作人员从生活区进入生产区同样需要洗澡，更换生产区衣服、鞋子。生活区与生产区的衣服、鞋子不能混用。猪舍门口要设置脚踏消毒盆和洗手池，工作人员进出猪舍要脚踩消毒盆消毒，同时清洁双手。

## 三、车辆

猪场要通过安装集中料塔、升级猪场进出猪台等措施来保证场外车辆不进入猪场。实在需要进场的车辆必需进行严格的清洗、消毒。具体清洗、消毒方式及流程参见洗消中心章节。

## 四、物资

猪场门口及生产区门口要设置单向流通的物资消毒间，并保证消毒间密闭性良好。对于小型物资可使用 10mg/kg 臭氧熏蒸消毒 30min 以上；对于疫苗等需要低温保存的物资可拆除到最小包装后使用 1:200 过硫酸氢钾消毒剂浸泡或擦拭消毒；对于手机、电脑等电子设备和精密仪器，不能使用臭氧消毒的，可使用 1:200 过硫酸氢钾消毒剂进行擦拭消毒，然后通过紫外传递窗进入猪场或生产区；对于不能进入物资消毒间的大型物资可使用消毒机进行喷洒消毒或人工擦拭消毒。

## 五、猪舍

现代化规模猪场最好实行"全进全出"生产模式，以便对于每栋猪舍进行彻底地消毒（图4-8，图4-9）。猪群全部转出后，在消毒之前必须对猪舍进行全面的清洁，清除所有有机物，然后使用2%戊二醛或3%次氯酸钠等有效消毒剂进行两次消毒，注意两次消毒使用不同消毒剂。

图 4-8　猪舍喷雾消毒

图 4-9　猪舍火焰消毒

## 六、饮水

有条件的猪场可以安装净水设备以保证饮水的卫生与安全。无法安装净水设备的猪场，可每周在饮水中添加漂白粉或次氯酸钠等消毒剂，消灭水中病原微生物，同时注意饮水器或水槽也要定期进行消毒处理。耐腐蚀的设备，尽量使用2%火碱或其他杀菌效果较强的消毒剂。

## 七、进出猪台

每次进猪或出猪后，彻底打扫进出猪台，使用2%烧碱、3%次氯酸钠等有效消毒剂进行喷洒消毒。

## 八、 废弃物

胎衣、死胎等应由专人负责收集、转运及无害化处理。注意收集、转运过程防止交叉污染，转运工具及时消毒、清洗，放置在规定地点。入舍清理病死猪人员，须穿戴一次性防护服、口罩、头套、手套、水鞋。采用专用工具转运病死猪，处理完毕及时清洗、消毒，避免造成二次污染。

## 九、 注意事项

（1）配置消毒剂时，应先添加消毒剂再注水，使之充分溶解、混合均匀。

（2）消毒完毕，消毒设备必须彻底清洗干净、消毒备用，定期检查，及时维护。

（3）交替使用酸、碱消毒剂时，必须保持足够的消毒作用时间后再冲洗、干燥。

（4）一般情况下，环境的温度与消毒剂的作用成正比，温度高，消毒剂的渗透能力也会增强，可增强消毒剂的效果，会提高1~2倍，缩短消毒时间，大多数消毒剂在低于-5℃的温度下使用是无效的，为了保持消毒剂在低于0℃温度下的有效性，必须向其中加入适量的丙二醇或乙二醇作为防冻剂。

（5）注意消毒后残液的集中处理。

（6）消毒时消毒人员需做好个人安全防护。

# 第五章
# 非洲猪瘟综合防控措施

 非洲猪瘟是一种烈性接触性传染病，是全世界养猪业的"头号杀手"。传染病的综合防控措施包括消灭传染源、切断传播途径、保护易感动物三项工作。基于目前非洲猪瘟的流行形势和污染情况，做好生物安全，切断传播途径是最关键的工作。猪场要保护自己场免受非洲猪瘟侵害，只有努力做好切断传播途径和保护易感动物的工作。切断传播途径需要规划结构性生物安全设计，构建必要的设施设备，制定完善管理规范，并认真分析每种传播途径的风险及特点，研究适宜的消毒方案，并检查落实消毒效果。保护易感动物工作在没有有效疫苗的情况下，要通过健康养殖提高猪群健康度，增强猪群对疾病的抵抗力。本章着重讲解生物安全防线设计及各传播途径处理方案等。

## 第一节　猪场生物安全体系建设

 猪场生物安全体系建设的基本原则是通过分区管控与单向

# ◆ 生猪养殖与非洲猪瘟生物安全防控技术

流动管理，以猪（易感动物）为中心，将非洲猪瘟病毒拒之门外。综合各大中型养猪企业的经验，通常根据生物安全风险级别将猪场与周边环境分为缓冲区、场外区、隔离区、生活区与生产区，每区之间均设置物理隔离的围墙或有效的关卡（图 5-1）。区

与区之间设置单向可控通道，每个通道处就是一道防线，严控人、车、物、猪和有害生物流等传播途径，通过分区分流等设计做

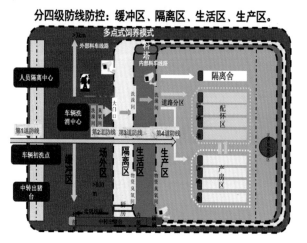

图 5-1　猪场生物安全分区示意

到精准评估，远离风险，层层滤除，保证御敌于外。

## 一、分区原则

根据猪场的位置与环境特点，通过以猪场生产区 1km 范围内作为核心管控区，根据生物安全等级区分为缓冲区、隔离区、生活区和生产区，通常以颜色（红、橙、黄、绿）来绘制猪场的生物安全电子地图，实现可视化管理的目的。

### 1、缓冲区

缓冲区为对一切要进入或靠近猪场的传播途径进行初步控

制、处置的区域，有条件的猪场，可在距离猪场 3km 以上的地方设置缓冲处理人员和物资的隔离宿舍，处理外部车辆的初洗点和远离猪场的售猪点。只有经过缓冲区处理点的人、车、物才能进入洗消中心。在生物安全上属于被污染区。也可通过与社会化酒店、洗消点建立签约服务，实施进入猪场车辆、物资、人员等的隔离、减毒行为。此区为部分可控区域，需要程序性的检查和评估风险点，在生物安全上属于高风险区。

### 2. 隔离区

为有效阻止非洲猪瘟进入生产区，通常可在猪场场内道路与公共道路连接处设立一道关卡（前置门卫），对进入车辆、物资、人员进行洗消、烘干等处理，掌握的基本原则即进入隔离区的车辆、物品等不再接触公共道路。有条件的场可设立实体围墙进行物理阻隔。从缓冲区至猪场隔离区的一切车辆、物品等，原则上不能检出病毒阳性，对于单体猪场，可以将厨房设立在前置门卫处。一切与生产无关的车辆不允许越过前置门卫。

隔离区为从猪场前置门卫内到生活区之间的区域，是基本可控区。用来进一步处理和隔离需要进入生活区的人和物。隔离区是场内场外的分界线，与生产无关的车辆不能穿越隔离区进入生活区。是场内和场外的接触区，在生物安全上属于中等风险区。

### 3. 生活区

生活区为猪场工作人员生活、休息、学习、工作的场所。包括住宿、餐饮、娱乐、工作、会议培训等功能区。在生物安全上是低风险区。原则上，与员工密切接触的环境不得检出非洲猪瘟病毒。

### 4. 生产区

根据猪场设计的不同，生产区是指猪舍内，生产工人饲养、处置猪的区域。在生物安全等级上属于安全区。

## 二、五道防线管控

为阻止病毒进入猪场核心区域，采用分级设立关卡、构建五道防线进行管控，通过逐级消毒来保证进场车辆、人员、物品等的安全。

### 1. 第一道防线

防控非洲猪瘟的第一道防线设置在远离猪场的地点，主要功能是预处理一切外来要进入下一道防线（洗消中心）的人、车、物，在这个过程中必须将车辆、人员、物品等表面的有机质完全清洗掉，并对表面进行彻底清洗、消毒及更衣等。

中央隔离区：隔离宿舍为人员及物资入场前隔离消毒地点，主要功能是对入场人员及物资进行隔离及消毒处理。在场外初步降低 ASFV 浓度，从而切断 ASFV 传播途径。

（1）进入隔离宿舍的人员首先使用纱布对头发、手、鞋底、衣服、手机等进行采样，进行 ASFV 检测。

（2）人员隔离至少 48h，对随身衣物使用 1:200 过硫酸氢钾或碘酸复合溶液进行消毒，清洗（图5-2），人员进行充分洗澡，更换隔离宿舍专用衣物。

（3）对人员随身携带的电脑、手机、充电器等物品使用有效消毒药进行喷洒擦拭消毒。

（4）人员进行换衣、洗澡。对外来衣物和鞋进行消毒处理。

（5）猪场内所需物资统一运至隔离宿舍库房处，物资进入库房后进行臭氧熏蒸消毒。每两周将物资运至猪场。

图 5-2 消毒药浸泡床单

**车辆初洗点：** 初洗点为车辆进入猪场前第一道洗车地点，设置在距离猪场 3km 外，并远离其他猪场、屠宰场、农贸市场等地点。主要起到对准备入场车辆进行第一次清洗消毒，降低 ASFV 车辆传播风险的功能。车辆首先在初洗点进行清洗消毒，要求达到眼观无可见泥沙、粪便等方可进入洗消中心区域。

**中转售猪点：** 中转售猪点为场外中转运猪车辆与外部运猪车辆对接地点，有条件的场可将中转售猪点设置在距离猪场 3km 外。场外中转车与外部运猪车在中转销售点两侧进行对接，降低因卖猪车辆将 ASFV 传入猪场风险（图 5-3）。

图 5-3 中转对接点中转台

（1）外部运猪车在进入中转点前进行 ASFV 检测。

（2）外部运猪车辆进入销售中心后进行二次消毒，静置 12h 后方可进行猪只对接。

（3）售猪完成后对销售中心进行全面清洗消毒。

（4）定期对销售中心外周进行白化消毒。

（5）赶猪人员分段负责，猪只单向流动，避免交叉。

2. 第二道防线

洗消中心：洗消中心是实现猪场生物安全的第二道防线，具有十分重要的作用。为实现洗消中心操作规范化，特对洗消中心的作用及硬件建设相应标准进行规划。重点实现以下五点功能：

（1）对转猪车辆进行清洗，消毒，干燥和隔离的功能。

（2）对人员进行检查和监督，具备猪只转运人员和参观人员洗澡的功能。

（3）对进场物品进行消毒的功能。

（4）能够在干燥房进行内外部猪只的转运对接工作。

（5）提供外来拉猪车辆的存放和人员的隔离工作。

洗车通道：洗车通道为车辆进入洗消中心后的清洗消毒地点，在初洗点经过初次洗消后的车辆驶入洗车通道进行清洗消毒。

（1）司机进行登记，洗澡更衣。

（2）打开驾驶室，取出脚踏垫对驾驶室使用 75% 酒精进行全面消毒。

（3）使用清水清洗。

（4）泡沫清洗。

（5）沥水干燥。

（6）1:200过硫酸氢钾进行消毒。

（7）干燥后使用3M检测仪进行检测（图5-4）。

图 5-4　车辆清洗消毒和 3M 检测

**车辆烘干通道**：车辆烘干通道为车辆清洗消毒后对车辆进行烘干的地点。车辆清洗消毒后，驶入烘干房，司机下车后将烘干房密闭，开启热风机，使烘干房内温度达到70℃，保持20min。开启烘干房，待冷却后驶出。

**人员换洗通道**：洗消中心人员换洗通道为人员在隔离宿舍隔离结束后进入隔离区专用人员换洗通道。主要功能为员工进入隔离区提供洗澡换衣场所，分为脏区、淋浴区、净区三部分。

（1）人员进入人员换洗通道将全部衣物放入脏区衣柜内，并减掉长指甲。

（2）人员进入淋浴区进行淋雨10min，使用洗发水和沐浴露对全身进行清洗。

（3）清洗完成后进入净区，更换隔离区专用衣物，进入隔离区。

（4）人员换洗通道定期使用过硫酸氢钾、臭氧进行消毒。

**物资消毒通道**：洗消中心物资消毒通道为物资进入隔离区的消毒通道。消毒通道分为3个，分别为烘干消毒通道、浸泡消毒通道和熏蒸消毒通道。主要功能是对入隔离区物资进行消毒处理。

（1）物资到后去除外包装，放入物资消毒通道，对物资全部使用 70℃烘干 1h 或 1：200 过硫酸氢钾或碘酸复合溶液浸泡 30min 方式进行消毒处理，之后使用臭氧熏蒸 4h 后方可进入下一道防线。

（2）手机、电脑个人物品使用有效消毒剂擦拭消毒进入隔离区。

（3）物资消毒通道定期使用 1：200 过硫酸氢钾或碘酸复合溶液进行消毒。

### 3. 第三道防线

隔离区防线是实现猪场生物安全的第三道防线，具有为场内员工提供隔离和餐食的功能。逐级过滤 ASFV 病毒浓度，人员、食材在此防线进行消毒处理，防止未消毒食材进入生活区。

**隔离寝室：**隔离寝室为员工在场内隔离时提供住宿，人员在隔离区隔离 48h，隔离人员隔离结束前，要将床单、被罩和枕套拆卸下来，浸泡消毒液 1：200 过硫酸氢钾或碘酸复合溶液 30min 以上后，然后进行清洗和晾晒；将隔离宿舍卫生间和房间卫生打扫干净，标准为无可视垃圾和可视灰尘等，地面消毒用 1：200 过硫酸氢钾溶液或碘酸复合溶液全覆盖拖地（图 5-5）。

a. 床单被罩浸泡消毒药　　b. 离开时打扫房间
图 5-5　寝室隔离消毒措施

**厨房管理：**将场内厨房设置在隔离区外，通常为前置门卫相连的外部区域，为员工提供餐食。

（1）所有食材必须在指定地点购买，严禁采购猪、牛、羊肉及其制品等食材进入猪场。

（2）采购的食材必须于洗消中心在物料消毒通道70℃保持30min方可进入隔离区食堂库房。

图5-6　传递窗将熟食传递至生活区

（3）传入生活区必须为熟食，通过传递窗传入生活区食堂，只传菜不传器具（图5-6）。

**隔离区车辆管理：**所有进入隔离区车辆需在隔离区洗车点进行二次洗消并进行烘干（图5-7）。

图5-7　隔离区洗车点

### 4. 第四道防线

生活区防线是实现猪场生物安全的第四道防线，是员工休息生活及对生产生活物资进行保存的地方。

（1）对人员休息食宿的功能。

（2）对人员进行检查和监督，进入生活区人员进行洗澡的功能。

（3）对进生活区物品进行消毒的功能。

**人员换洗通道：**生活区人员换洗通道为人员在隔离区隔离结束后进入生活区专用换洗通道。主要功能为员工进入生活区提供洗澡换衣场所，分为脏区、淋浴区、净区三部分。

（1）人员进入人员换洗通道将全部衣物放入脏区衣柜内，并剪掉长指甲。

（2）人员进入淋浴区进行淋雨 10min，使用洗发水和沐浴露对全身进行清洗。

（3）清洗完成后进入净区，更换生活区专用衣物，进入生活区。

（4）人员换洗通道定期使用过硫酸氢钾、臭氧进行消毒。

**物资消毒通道：** 生活区物资消毒通道为物资进入生活区的消毒通道。消毒通道主要功能是对要进入生活区的物资进行消毒处理。

（1）物资到隔离区后，放入物资消毒通道，对物资使用臭氧熏蒸的方式进行消毒处理。

（2）手机、电脑等个人物品使用有效消毒剂擦拭消毒后进入生活区（图5-8）。

（3）物资消毒通道定期使用 1∶200 过硫酸氢钾或碘酸复合溶液进行消毒。

**生活区管理：** 生活区宿舍为员工休息地方，生活区宿舍实行 6S 管理。每周对宿舍内的桌面用 1∶200 过

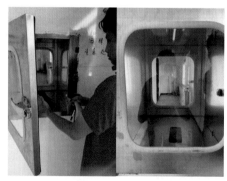

a. 手机喷洒酒精　　　b. 开启紫外灯
图 5-8　物资消毒

硫酸氢钾溶液全覆盖擦拭消毒至少 1 次，每周对宿舍地面

用 1: 200 过硫酸氢钾或碘酸复合溶液全覆盖拖地消毒至少 1 次。宿舍产生的生活垃圾严禁随意丢弃，每个宿舍设立垃圾桶，收集生活垃圾定期集中处理，严禁随意丢弃。生活区宿舍外周设置带盖可移动式的垃圾桶至少 3 个，对生活区产生的垃圾实施分类集中暂存。

**餐厅管理**：每日饭后由值日人员认真对餐厅地面、餐桌、餐椅进行清洗打扫，做到餐桌、餐椅的干净整齐，做到"五无"标准即无灰尘、无痰迹、无水迹、无油迹、无饭粒。每周在地面打扫干净后，用沾有消毒液的拖布对地面进行消毒处理两次，用沾有消毒液的抹布对餐桌进行消毒两次，并做好消毒记录。在餐厅安装紫外灯 2~4 盏，每天紫外灯照射消毒 30~60min（设置定时启动与关闭控制器）。消毒时人员必须离开，以防灼伤。餐厅要做好防蝇工作（安装门帘、纱窗和灭蝇灯），严禁出现苍蝇。剩饭剩菜必须做到日产日清；剩饭剩菜必须实行密闭性转运（务必装在质量好、密封性好的垃圾袋子里面），具有餐厨废弃物标识且整洁完好，转运过程中不得泄露、撒落，投放至垃圾池内后保障包装完好。

5. 第五道防线

生产区防线是实现猪场生物安全的第五道防线，为猪场最后一道防线，进入生产区的所有人员、物资必须再次进行彻底消毒方可进入。

（1）进行养猪生产的功能。

（2）对人员进行检查和监督，进入生产区人员进行洗澡的功能。

（3）对进入生产区物品进行消毒的功能。

**人员换洗通道**：生产区人员换洗通道为人员在生活区进入生产区专用换洗通道。主要功能为员工进入生产区提供洗澡换衣场所，分为脏区、淋浴区、净区三部分。

（1）人员进入人员换洗通道将全部衣物放入脏区衣柜内，并剪掉长指甲。

（2）人员进入淋浴区进行淋雨 10min，使用洗发水和沐浴露对全身进行清洗。

（3）清洗完成后进入净区，更换生产区专用衣物，进入生产区。

（4）人员换洗通道定期使用过硫酸氢钾、臭氧进行消毒。

**物资消毒通道**：生产区物资消毒通道为物资进入生产区的消毒通道。消毒通道主要功能是对进入生产区物资进行消毒处理。

（1）物资进入生产区前，放入物资消毒通道，对物资使用臭氧熏蒸的方式进行消毒处理。

（2）手机、电脑等个人物品使用 75% 酒精擦拭消毒进入生活区。

（3）物资消毒通道定期使用 1:200 过硫酸氢钾进行消毒。

**餐厅管理**：每日饭后由值日人员认真对餐厅地面、餐桌、餐椅进行清洗打扫，做到餐桌、餐椅的干净整齐，做到"五无"标准，即无灰尘、无痰迹、无水迹、无油迹、无饭粒。每周在地面打扫干净后，用沾有消毒液的拖布对地面进行消毒处理 2 次，用沾有消毒液的抹布对餐桌进行消毒 2 次，并做好消毒记录。在餐厅安装紫外灯 2~4 盏，每天紫外灯照射消毒

30~60min（设置定时启动与关闭控制器）。消毒时人员必须离开，以防灼伤。餐厅要做好防蝇工作（安装门帘、纱窗和灭蝇灯），严禁出现苍蝇。剩饭剩菜必须做到日产日清；剩饭剩菜必须实行密闭性转运（务必装在质量好、密封性好的垃圾袋子里面），具有餐厨废弃物标识且整洁完好，转运过程中不得泄漏、洒落，投放至垃圾池内后保障包装完好。

**猪舍管理：**

（1）各猪舍工作服、工作器具全部实行颜色管理，严禁串舍交叉。

（2）死猪处理必须当日完成。从每个单元栋舍转出死猪前，对其全身喷淋 1∶200 过硫酸氢钾或碘酸复合溶液，放置在便于转运出舍的廊道处；于下班前再通过死猪出口或出猪台转出猪舍。

（3）猪舍内垃圾使用垃圾袋进行密封处理，先集中放置在通往出猪台的廊道上，每 10d 通过出猪台向外转运 1 次，然后运至生产区垃圾池内暂存，由环保区人员处理。

（4）全进全出管理。

（5）批次化管理。

## 第二节 切断传播途径

根据非洲猪瘟接触性传播的特点，通过隔离、洗、消、烘等多种措施，有效消除与猪接触的载体带毒，达到切断传播途径的目的。下面根据猪场管理的实际情况，对必须接触猪只的

# ◆ 生猪养殖与非洲猪瘟生物安全防控技术

人员、车辆、物品等应遵循的控制流程进行分述。

## 一、人员（图5-9）

### 1. 猪场生产人员

猪场生产人员返回猪场前，在家里自行隔离24h以上，隔离期间不要接触活猪、生鲜猪肉以及猪肉制品，更不要到养殖场、动物诊疗场所、屠宰场、农贸市场（特别是猪肉摊点）等高风险场所。到达隔离宿舍隔离48h，每天洗澡。隔离结束后，专车送至洗消中心，到达洗消中心后进行洗澡后进入隔离区，隔离区宿舍隔离24h。隔离区宿舍隔离结束后，洗澡进入生活区，在生活区隔离24h，隔离结束后，方可洗澡进入生产区工作。原则上，对进入生活区的员工进行表面采样，不应检出非洲猪瘟病毒核酸阳性。

### 2. 场外专业任务人员

（1）料车与场外中转猪只司机。料车司机进入猪场前，在家里自行隔离24h以上，隔离期间不要接触活猪、生鲜猪肉以及猪肉制品，更不要到养殖场、动物诊疗场所、屠宰场、农贸市场（特别是猪肉摊点）等高风险场所。司机装车前应进行

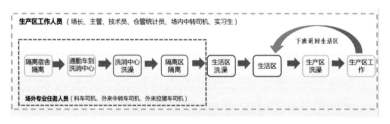

图5-9　人员进场流程控制图

表面采样检测，若检出 ASFV 核酸阳性，应重新洗澡、更衣。司机进入猪场中转料塔进行转料前，应在前置门卫司机专用更衣间套上防护服，在转料全过程不允许下车走动。

（2）外来拉猪车司机。有条件的猪场可相对固定外来拉猪车辆并安装 GPS 进行管控，原则上该司机应 24h 内未接触养殖场、农贸市场等高风险区域。到达规定地点前应洗澡、更衣并需进行采样，采样检测合格后方可进入中转对接点待售区。

（3）外来服务人员。尽可能减少外来无关人员进入场内。确需进场外来服务人员在进入猪场前，在家里自行隔离 24h 以上，隔离期间不要接触活猪、生鲜猪肉以及猪肉制品，更不要到养殖场、动物诊疗场所、屠宰场、农贸市场（特别是猪肉摊点）等高风险场所。到达隔离宿舍隔离 24h，每天洗澡。隔离结束后，专车送至洗消中心，到达洗消中心进行洗澡后进入隔离区，隔离区宿舍隔离 24h。方可开展工作。

（4）外来访客。外来访客人员进入猪场前，在家里自行隔离 24h 以上，隔离期间不要接触活猪、生鲜猪肉以及猪肉制品，更不要到养殖场、动物诊疗场所、屠宰场、农贸市场（特别是猪肉摊点）等高风险场所。到达隔离宿舍隔离 24h，每天洗澡。隔离结束后，专车送至洗消中心，到达洗消中心进行洗澡后进入隔离区，隔离区宿舍隔离 48h。方可开展工作。

## 二、车（图 5-10）

### 1. 料车

料车分为场外料车和场内料车。

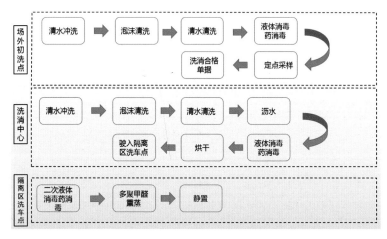

图 5-10 车辆进场流程控制图

（1）场外料车。

①场外料车必须为集团自行购买或长期合作车辆；②场外料车行驶必须按照规定线路行驶，避开疫区、人口密集区、屠宰场等风险高发点；③料车到达洗消中心后按照清水清洗，泡沫清洗，消毒药消毒，烘干消毒步骤进行清洗消毒；④料车驶出洗消中心后达到隔离区洗车点，进行再次消毒和甲醛熏蒸；⑤场外料车在隔离区将饲料放入生活区中转料塔内。

（2）场内料车。场内中转料车，只允许在生活区使用，严禁驶出生活区。必须在场内洗车房内、每半个月清理、清洗和消毒一次，清理、清洗和消毒部位为驾驶室内部和外部、车体（含料灌顶）、底盘和轮胎，清洗标准必须达到眼观无泥沙、无粪污；流程参照饲料车辆洗消流程执行。

## 2. 拉猪车

拉猪车分为场内拉猪车、场外中转车、外部运猪车。

（1）场内拉猪车。场内拉猪车，仅允许在场内生活区使用，用于将猪舍内猪只转运至售猪房，禁止用于其他用途及驶出生活区。在当天的中转运猪后，必须进行彻底的清洗、消毒和干燥，清理、清洗和消毒部位为驾驶室内部和外部、车体、车厢、底盘和轮胎，清洗标准必须达到眼观无泥沙、无粪污、无猪毛；流程参照转猪车辆洗消流程执行。

（2）场外中转车。

①场外中转车必须为集团自行购买或长期合作车辆；②场外中转车运猪前首先在场外初洗点进行清水清洗、泡沫清洗、液体消毒药消毒；③初洗点清洗消毒后车辆进入固定地点进行采样检测，检测合格后方可驶入洗消中心；④驶入洗消中心后经过清水冲洗、泡沫清洗、液体消毒药消毒、烘干消毒后驶入隔离区洗车点；⑤场外中转车在隔离区洗车点进行二次液体消毒药消毒和多聚甲醛熏蒸消毒，方可开展中转运猪工作。

（3）外部运猪车。外部运猪车辆需提前 24h 到达指定地点，在指定洗车点进行清洗消毒，开具洗消合格单。然后驶入固定地点进行采样，采样合格后驶入中转对接点待售区，进行再次消毒。静置 12h 后，方可开展转猪工作。

## 3. 维修车

维修车分为场内维修车和场外维修车。

（1）场内维修车。场内维修车必须专车专用，只允许在生活区内使用，必须定期进行彻底的清洗、消毒和干燥，清理、清洗和消毒部位为驾驶室内部和外部、车体、车厢、底盘和轮胎，流程参照转猪车辆洗消流程执行。

（2）场外维修车。场外维修车为猪场专用车辆，仅允许为猪场维修使用，使用完成后维修车需行驶至场外初洗点对场外维修车进行清洗消毒。

### 4. 物资运输车

（1）场内物资运输车。场内运输车必须专车专用，只允许在生活区内使用，主要用于库房物资运至生产区使用，必须定期进行彻底的清洗、消毒和干燥，清理、清洗和消毒部位为驾驶室内部和外部、车体、车厢、底盘和轮胎，流程参照转猪车辆洗消流程执行。

（2）场外物资运输车。场外物资运输车为场外隔离宿舍至洗消中心运输物资专用车辆，专车专用，每次运输物资完成后到达场外初洗点进行清水清洗、泡沫清洗、液体消毒药消毒处理，然后停放至专用地点。

（3）场外物资中转车。场外物资中转车为洗消中心至隔离区运输物资专用车辆，每次进入隔离区需在隔离区洗车点内进行消毒处理，专车专用。

## 三、饲料

### 1. 料车管理

①料车必须为集团自行购买或长期合作车辆；②场外料车行驶必须按照规定线路行驶，避开疫区、人口密集区、屠宰场等风险高发点；③料车到达洗消中心后按照清水清洗，泡沫清洗，消毒药消毒，烘干消毒步骤进行清洗消毒；④料车驶出洗消中心

后达到隔离区洗车点，进行再次消毒和甲醛熏蒸；⑤场外料车在隔离区将饲料放入生活区中转料塔内。

### 2. 料塔管理

①料塔每次转入饲料后必须关闭上方料塔盖；②料塔设置驱鸟器，防止鸟类落至料塔。

### 3. 料库管理

袋装料需要设置中转料库，中转料库设置在隔离区，料库内饲料呈批次化管理，每次新入饲料后使用多聚甲醛进行甲醛熏蒸消毒，后才能运输至生产区待用。

## 四、兽药疫苗

### 1. 兽药

①兽药来源必须为专业厂家生产，包装完好无破损；②兽药到达隔离宿舍库房使用臭氧熏蒸消毒；③运输至洗消中心，取出最外层包装使用 1:200 过硫酸氢钾浸泡 30min 消毒处理；④运至生活区物资消毒通道，进行臭氧熏蒸后放入生活区药房；⑤进入生产区物资消毒通道必须为不可拆分最小包装，使用臭氧熏蒸后方可进入生产区使用。

### 2. 疫苗

①疫苗必须为专业厂家生产，包装完好无破损；②疫苗运至洗消中心，去除外包装在洗消中心物资消毒通道内使用 1:200 过硫酸氢钾浸泡 2min 消毒处理；③使用专用疫苗运输箱将疫苗运输至生活区物资消毒通道，拆掉包装，为不可拆分最小包装，然后使用 75% 酒精进行喷洒消毒，进入生活区

疫苗室；④疫苗进入生产区物资通道使用 75% 酒精进行喷洒消毒，方可进入生产区使用。

## 五、猪精液

猪精运送至洗消中心物资消毒通道，去除最外层包装然后使用 75% 酒精进行喷洒消毒；使用专用猪精运输箱运送至生活区物资消毒通道，再去除一层包装，使用 75% 酒精进行喷洒消毒；使用专用猪精运输箱运送至生产区物资消毒通道，去除所有包装，使用 75% 酒精进行喷洒消毒，进入猪舍。

## 六、有害生物等虫媒控制（图 5-11）

有害生物包括软蜱、蚊、蝇、鼠、野鸟。

### 1. 软蜱

①所有的房间（除洗车房和烘干房外）安装纱窗和门帘；②生产区内所有窗户禁止打开；③定期使用辛硫磷对各区域及猪舍内进行喷洒驱软蜱。

### 2. 蚊、蝇

①所有的房间（除洗车房和烘干房外）安装纱窗和门帘；②各区域房间与外界联通的所有出入口安装门帘，所有夏季开启的窗户安装纱窗；③物料通道脏区门、洗澡通道脏区门和送饭通道门都安装门帘；④猪舍进风口和排风口安装防蚊蝇网，猪舍外部每个风机口处要安装西服里子材质的风机罩（每年开春前安装上）；⑤生活垃圾（特别是食物残渣）、死猪无害化处理、粪尿处理等须规范，防止招引蚊蝇；⑥垃圾填埋点、垃

垃池、死猪处理区等区域,每半月灭蝇一次(采用环丙氨嗪、辛硫磷驱蚊蝇药物的方式进行);⑦在各栋舍各个出入口处安装灭蝇灯,并安装产品使用说明进行定期维护;⑧在隔离宿舍出入、厨房出入口、生活区宿舍出入口、生活区餐厅出入口安装灭蝇灯,并安装产品使用说明进行定期维护。

a. 安装风机罩　　　b. 安装门帘纱窗

c. 安装灭蝇灯　　　d. 喷洒灭蝇药

图 5-11 有害生物控制措施

## 3. 鼠

① 及时清理料塔及其附近散落的饲料,避免吸引鼠类等动物靠近;② 生活垃圾特别是剩菜剩饭包装密封后,放置到垃圾池,及时无害化处理,防止招引鸟类;③ 各猪舍外墙根处铺设 80cm 宽碎石带,出入口处必须安装挡鼠板防鼠,挡鼠板高度不低于 60cm,如物流消毒通道入口、洗澡通道入口、死猪出口等所有与外界连通的口必须安装挡鼠板;④ 聘请专业灭鼠公司每季度对全场内外进行灭鼠一次或对场内灭鼠工作进行指导;⑤ 隔离区和生活区防鼠工作必须开展,防止鼠类进入餐厅、库房和宿舍房间——所有与外界连通的出入口安装挡鼠板(图 5-12)。

### 4. 野鸟

① 料塔及其附件安装驱鸟器，每个料塔至少安装 2 个驱鸟器；② 猪舍与外界联通的孔道等安装铁纱窗防鸟；③ 及时清理料塔及其附近散落的饲料，避免吸引鸟类等动物靠近；④ 生活垃圾特别是剩菜剩饭包装密封后，放置到垃圾池，及时无害化处理，防止招引鸟类；⑤ 把距离场区栅栏 100m 以内的所有鸟巢拆掉；⑥ 场区四周鸟类聚集点安装防鸟网。

图 5-12　猪舍外铺设碎石和设置挡鼠板

## 七、猪

对引种猪场进行病原检测；对车辆进行检测，使用外部拉猪车运猪；按照规定线路行驶，避开疫区、集贸市场等风险高发区；运至场内洗车点进行清洗消毒；驶入场内卸猪台进行猪只装卸；猪只进入隔离舍进行隔离；车辆进入洗消中心进行彻底清洗消毒；车辆返回引种猪场。

## 八、食品

### 1. 厨房食材

①严禁采购猪、牛、羊肉及其制品等食材进入猪场。食材

采购点不应经营猪肉、牛肉、羊肉等制品，且距离前述危险物品经营点 100m 以上，原则上应与大棚种植菜农直接对接，如不能实现，必须在不经营肉品的蔬菜店采购蔬菜；②采购的食材必须于洗消中心进入隔离区物料消毒通道，物品在物料消毒通道 70℃保持 30min 方可进入；③进入隔离区厨房库房，再次使用臭氧进行熏蒸；④库房每天用紫外线照射消毒 30~60min。

### 2. 小食品

①所有小食品均由猪场专人统一采购，禁止采购与猪肉及其制品相关食品；②在隔离区设置超市，为放置小食品地点；③所有小食品在隔离宿舍库房使用臭氧熏蒸；④运送至洗消中心进行 70℃保持 1h；⑤进入隔离区超市进行臭氧熏蒸；⑥进入生活区前使用 75% 酒精进行喷洒消毒，通过传递窗传入生活区；⑦所有小食品禁止进入生产区。

## 九、个人携带物品

个人仅允许携带手机、电脑、充电器、书、药、烟、茶。其他物品一律禁止进入，场内统一提供。手机、电脑等电子设

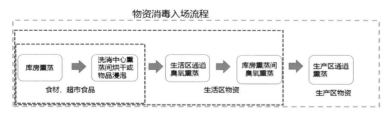

图 5-13 物资进场流程图

备和精密仪器，不能使用臭氧消毒的，可使用 1：200 过硫酸氢钾消毒剂进行擦拭消毒，然后通过紫外传递窗进入猪场或生产区。除手机、电脑外所有个人物资全部进行 70℃保持 1h 进行消毒处理。进入生活区物资使用臭氧进行熏蒸消毒。进入生产区物资使用臭氧进行熏蒸消毒（图 5-13）。

## 十、水

猪场饮水是非常危险的传播途径，尤其是在雨季，地表水容易被污染。猪场水源最好是来自深水井（深 150m 以上），并设置蓄水池对水进行消毒处理。场区内根据蓄水池内水的使用情况（如 3d 用完每 3d 必须添加 1 次，如 1d 内用完每天必须添加 1 次），及时向蓄水池内添加配置好的二氧化氯消毒粉溶液或生活饮用水级漂白粉，该溶液必须现用现配，配置时使用专用量具。

场里面必须指定专人进行此项工作，并进行记录，生物安全监督检查员负责日常检查，兽医负责抽查。

# 第六章
# 科学采样与诊断检测

在非洲猪瘟的防控过程中，准确、快速、及时地诊断对尽早发现疫情，及时处理极其重要。为确保能够从实验室检测中获得准确的诊断结果，在临床取样时应重点考虑动物发病的时间、治疗史、发病状态来选择最佳时机和最具代表性的动物进行采样。其次，有效的样本采集后，如何使用正确的运输方式提交到实验室进行检测也会影响诊断结果的准确性。临床兽医对诊断结果最大的贡献就是以最可靠的采集和运输方式向诊断实验室提供最合适的临床样本。同时，实验室选择正确有效的检测方法对送检样品进行规范准确的检测是非洲猪瘟疫情确诊和阳性动物筛查的重中之重。

## 第一节　样品的采集、运送与储存

我国要求对非洲猪瘟的诊断、报告与防控必须严格遵照《中

# ◆ 生猪养殖与非洲猪瘟生物安全防控技术

华人民共和国动物防疫法》《突发重大动物疫情应急预案》《非洲猪瘟防治技术规范》《非洲猪瘟防控应急预案》的要求执行。疑似样品的采集、运送与保存必须符合《病原微生物实验室生物安全管理条例》的规定，样品的采集，运送和存储单位必须具备相应资格。

样品的采集、运送与存储关乎诊断结果的可靠性、准确性。实验室检验能否得出准确结果，与病料取材是否得当、保存是否得法和送检是否及时等有密切关系。当有关单位或者个人怀疑发生非洲猪瘟疫情时，应及时向当地动物疫病预防控制机构报告。

病猪和病死猪的全血、组织、分泌物和排泄物中均可能含有病毒。内脏器官弥漫性出血症状明显，故在采集组织病料时需首先通过剖检观察器官组织的病理变化，结合生前各项临床症状进行初步诊断，采集的脏器应尽可能全面，如疫点周边有野猪分布，应联合林业部门同时采集野猪样品。

## 一、 样品的采集

### 1. 全血和血清

采样前提前准备好采血所需器材，如注射器、真空采血针和管、1.5mL 离心管、记号笔、样品袋、泡沫箱、冰袋、白纸和笔。

抗凝血采集，从耳静脉

图 6-1　前腔静脉采血示范

或前腔静脉采集血液（图6-1）。用注射器吸取 EDTA 抗凝剂
（不可用肝素抗凝，易抑制后续 PCR 反应），静脉采集血液
5mL，颠倒混匀后，注入无菌容器。如条件允许，最好每份血
液样品采集 2 管，以便留存充足的备份样品。也可以用已经含
有抗凝剂的真空采血器抽取血液。

血清分离，对非洲猪瘟进行血清学样品采集时，需对病猪，
健康猪以及处于不同发病阶段的猪分别采集血清。注射器（或真
空采血针和管）采集全血 3~5mL，室温放置 12~24h，收集自然
析出血清或离心分离血清，置于无菌容器中，封口，标识后放入
加入冰袋的泡沫箱送检，见图6-2。

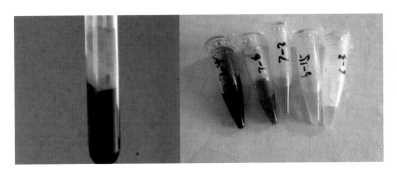

图6-2 血清分离

## 2. 口腔/鼻/血液拭子

采样前提前准备好无菌棉签、离心管、生理盐水、手套、
记号笔。离心管内加生理盐水或者 PBS 适量，以没过棉签头
为宜。

口腔拭子采集，将无菌棉拭子插入猪口腔中，5~10cm 深，

转动棉拭子顺时针和逆时针擦拭口腔数次，拿出棉拭子放到加有 2~3mL 生理盐水的离心管中，挤压几次，并折断木棒，盖上离心管管盖。

鼻拭子采集，将无菌棉拭子斜 45° 角插入猪鼻腔中线附近，5~10cm 深，把鼻拭子贴着猪鼻腔周壁顺时针擦两到三圈，然后逆时针擦拭，然后换一个鼻孔重复这套动作，保证拭子看起来湿润。拿出棉拭子放到加有 2~3mL 生理盐水的试管中，挤压几次，并折断木棒，盖上离心管管盖。

血拭子采集，用一次性注射器在猪只耳朵处扎一下，用无菌棉拭子反复擦拭流出来的血液，将棉拭子放到加有 2~3mL 生理盐水的试管中，挤压几次，并折断木棒，盖上离心管管盖。

应该注意，采样前，务必保证采样管、无菌棉拭子、自封袋等物品处于干净清洁、未被污染的状态。采集的每头猪的口腔液、鼻拭子、血液拭子，要分开装入采样管内；装有猪口腔液、鼻拭子、肛门拭子、全血的采样管，要分开装入自封袋内；自封袋密封严实后，标注相应信息，置于加冰袋的无菌容器内，标明动物编号。

### 3. 口腔液样本

根据猪群日龄不同，选不同直径全棉绳进行采集，保育猪可用直径 1.3cm 绳索，而生长育肥猪和生产公母猪口则选用直径 1.6cm 的绳索进行口腔腔液采集，悬挂处应远离饲槽和猪排便区。棉绳上端固定，下垂高度与猪只的肩关节齐平，任猪咀嚼，30min 后收取棉绳，刮取和挤压口腔液至自封袋（图6-3），然后装入 EP 管或其他容器。一般认为 ≥ 1mL 为有效采集量。

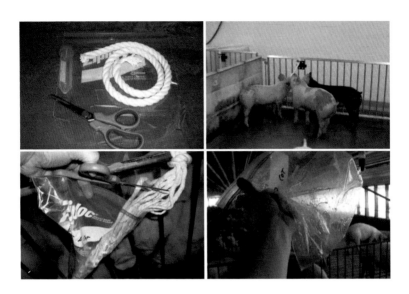

图 6-3 猪群口腔液的采集（Prickett et al., 2008）

采集完毕应立即取走绳索，避免猪群失去对绳索兴趣，不利于下次采集。

### 4. 粪便

以清洁玻棒或棉棒挑取新鲜粪便少许（约 1g），置于无菌容器内，也可用棉拭子自直肠内直接蘸取或掏取。

### 5. 脾脏、淋巴结、肝脏、肺脏等实质器官

检测 ASFV 时，脾脏为首选器官，其次为淋巴结。肉眼所见有病理变化或没有病理变化的脾脏、淋巴结都应在采集样品范围之内。淋巴结可连同周围脂肪整个采取，其他器官可选病变明显部位与健康部位交界处，以无菌操作剪取直径 1cm 左右的组织样品，加入含 100 μg/mL 青霉素和链霉素的 PBS 溶

液中，4℃保存运输。或保存于含50%甘油的PBS溶液中，4℃保存运输。为保持病毒的感染性，样品到达实验室后，立即放入-80℃低温冰箱内冷冻保存。若条件允许，可另取少许制触片数张，一并送检。

注意事项：在舍外采集死猪脾脏、淋巴结时，必须着一次性防护服、一次性手套，每采集一头死猪的脾脏、淋巴结，更换一次手套、刀片。每头死猪的脾脏、淋巴结，要分开装入自封袋内，确认密封严实后，标注相应信息，放入泡沫箱加冰袋送检。采集死猪样品时，必须在远离猪舍的环保区进行，并且要注意采样时的生物安全，以及采样后的生物安全工作，及时对死猪进行无害化处理，对采样场地进行有效的消毒处置，以确保不污染环境。

### 6. 水样

可用矿泉水瓶作为水样采样工具。采样点一般为蓄水池、生产区各栋舍出水口、洗车用水等，使用新矿泉水瓶采集采样点水样，每次采样时务必做好生物安全防护和注意生物安全操作，防止将水池内水体进行二次污染和所采集的水样被污染。

### 7. 环境样品

提前准备纱布/棉拭子、采样管、自封袋、生理盐水、一次性手套。纱布裁剪成面积2cm×5cm或10cm长度的纱布，或者可以直接购买纱布块。

采集方法，第一步戴好手套，用裁剪好的纱布/棉拭子，蘸取生理盐水；第二步擦拭采样点（面积越大越好）；第三步放入采样管（或样品袋）内，在采样管或样品袋中加入生理盐水，浸没纱布；第四步做好标记。

应用场景，猪舍内外环境样品，如猪舍内（地面、料槽、水槽、刮粪板、墙面、栏杆等），猪舍外（储粪池、水、地面、道路等），生活区和办公区（地面、桌面、电脑等）。

图6-4　车辆采样部位示意

车辆样品，采样部位包括车头、驾驶室、车轮（前）、车轮（后）、车体外表面（左）、车体外表面（右）、车顶、底盘、车厢内表面、车厢外表面、车厢内部升降（第一、二、三层等），见图6-4。

注意事项：采样前，务必保证采样管、纱布、自封袋等物品处于干净清洁、未被污染的状态。一个采样点换一个手套。每个采样点或或者一个单元的样品要单独放于一个自封袋内，标记好采样地点。附上送检单，冷藏保存或运输。

## 8. 人员样品

可用蘸取生理盐水的棉拭子，擦拭相关人员的头发、鼻腔、口腔、耳朵、脸部、手及指甲缝、衣服、鞋底、手机等部位或物品，拿出棉拭子放到加有2~3mL生理盐水的离心管中，挤压几次，并折断木棒，盖上离心管管盖。

## 9. 软蜱

在非洲和欧洲的很多国家，软蜱可以通过叮咬猪或野猪传播ASFV，成为非洲猪瘟非常重要的生物虫媒，并可以作为

ASFV 的自然宿主。

一般来说，可以采用手工方式捉软蜱。通过手工移除裂缝和猪舍墙壁孔洞中的尘土，清理木质或瓦屋的屋顶缝隙，从猪舍道路上或路边挖掘均可进行软蜱的收集。也可以在野猪出没的地方查找软蜱的存在。但这种方法费时、费力，由于软蜱的寄居环境潮湿、黑暗，发现难度大，且难以找到更小的幼虫阶段的虫体。因此，手工方法不适合进行大规模软蜱的采集。在非洲、欧洲的一些国家，二氧化碳诱捕法、真空抽吸法广泛应用于田间软蜱样品的采集。

### 10. 病理组织学检测样品

若需采集病料进行病理组织学检测，应选取剖检有典型病变的部位，连同邻近的健康组织一并采集。如果某种组织器官具有不同病变时应各采一块，将标本切成 $1\sim2cm^3$ 大小，用清水冲去血污，立即浸入固定液中。

常用的固定液为 10% 福尔马林，固定液的用量应为标本体积的 10 倍以上。脑、脊髓组织最好用 10% 中性福尔马林溶液（即在 10% 福尔马林溶液中加 5%~10% 碳酸镁）固定。初次固定时，应于 24h 后更换新鲜溶液一次。

一头病死猪的标本可装在一个瓶内，如同时采集几头病猪的标本，可分别用纱布包好，每包附一纸片，纸片上用记号笔标明病猪的号码。

### 11. 样品选取和采集过程中的注意事项

（1）合理取材。不同疫病要求采取的病料不同。怀疑非洲猪瘟时，应按照《非洲猪瘟防治技术规范》的要求采集病料，确保送检样品合格、规范，方便后续的实验室检测工作。如果怀疑除非洲猪瘟外还有多种疫病同时感染，应综合考虑，全面取材，或根据临床和病理变化有侧重地取材。

（2）剖检取材之前，应先对病情，病史加以了解，并详细进行临床检查。取材时，应选择临床症状明显，病变变化典型，有代表性的病猪。最好能选送未经抗菌药物治疗的病例和发病猪生前活体样品送检。

（3）病死猪要及时取材，夏季不超过4h，若死亡时间过长，则组织变性、腐败，影响检测结果。

（4）除病理组织学检验病料及胃肠内容物外，其他病料应无菌采取，器械及盛病料的容器须事先灭菌。①刀、剪子、镊子、针头等金属制品需高压灭菌，尽可能采用一次性无菌注射器；②试管、平皿、棉拭子等可高压灭菌或干热灭菌；③载玻片事先洗擦干净并灭菌。

（5）为了减少污染机会，一般应先采取微生物学检验材料，再取病理组织学检验材料。

（6）牢记生物安全原则。①样品采集人员做好个人防护，防止感染人兽共患病；②防止污染环境，避免人为散播疫病；③做好环境消毒和动物尸体的处理。

## 二、待检样品的保存

待检的组织病料、血液、血清、体液、分泌物等待检样品必须保持新鲜，避免交叉污染和腐败变质。采样后如不能立即送检，应根据样品类别以及检测目的不同分类保存，以免影响检测结果的质量。一般情况下，所有拟送检样品均应低温，冷藏保存和运输。

血清或抗凝全血送检前可放置于4℃保存，之后冷藏运送至检测实验室。实验室收到样品后如果不能立即检测，应置于-20℃保仔，或-80℃长期保存。用于病毒分离或攻毒试验诊断的抗凝全血样品，应尽可能低温冷藏运送至检测实验室，到达实验室后立即存放于-70℃以下，以确保病毒不丧失感染性。ASFV抗体和提取的DNA在4℃条件下保存数月不影响检测结果。但口腔液或口鼻拭子样品在4~6h内检测，其影响不大，若运输时间过长，应添加唾液保护剂或干冰运输以保护核酸不被核酸酶破坏降解。

组织样品，如脾脏、淋巴结可于50%中性甘油溶液或含100 μg/mL青霉素和链霉素的PBS溶液中4℃冷藏运送。到达实验室后立即存放于-80℃以下。以上保存液均需充分灭菌后应用。

盛装送检材料的容器须确实密封，固定，置于装有冷却用品的容器中迅速送检。夏天运输耗时较长时，需更换冷却剂一次或数次。

活蜱样品在采集后应放于带螺纹塞、且有空气出入口的瓶或管中，样品瓶或管中放入潮湿的土或滤纸片。长期保存时，应放置于20~25℃阴凉、潮湿环境下。为保持蜱体内ASFV的感染性，可以将带毒蜱存放于-70℃以下。无水乙醇也可以用于带毒蜱的保存，但是此种样品仅能用于PCR检测病毒核酸。

## 三、样品的送检和运输

ASFV 是高致病性动物病原微生物，疑似样品的包装应按照国际通用 A 类物质包装。样品的运输必须符合《病原微生物实验室生物安全管理条例》《高致病性动物病原微生物实验室生物安全管理审批办法》《高致病性动物病原微生物菌（毒）种或者样品运输包装规范》以及航空、铁路，公路等交通管理的相关规定。

此外，待检材料包装好后还应注意以下问题：①在容器和样品管上编号，并详加记录。送检时应复写送检单一式三份，一份存查，两份寄住检验单位，检验完毕后退回一份；②事先与检验单位联系；③检验用病料尽可能指派专人送检。

送检时除注意病料冷藏运输外，还必须避免包装破损带来的散毒风险。用冰瓶送检时，装病料的瓶子不宜过大，需在其外包一层填充物，途中避免振动，冲撞，以免冰瓶破裂。如路途遥远，可将冰瓶航空托运，并将单号电传检验单位，以便其被及时提取。

## 第二节　病原学诊断

从流行病学调查、临床症状、病理变化等指标怀疑非洲猪瘟疫情后，应对采集的样品进行实验室检测。通过病原学或免疫学手段检测 ASFV 或特异抗体是疑似疫情实验室确诊的必要前提。但非洲猪瘟多表现为最急性或急性病型，往往在特异抗体出现前已经死亡。因此，病毒的病原学检测在非洲猪瘟疫情确诊中非常重要。

非洲猪瘟病原学诊断技术主要有病毒分离、血细胞吸附试验、核酸检测以及荧光抗体法、免疫过氧化物酶染色法检测ASFV抗原等方法，在此主要介绍最常用的病毒核酸检测方法。

## 一、病毒核酸检测

常用的检测 ASFV 核酸的方法有普通聚合酶链式反应（PCR）和实时聚合酶链式反应（real-time PCR）两种方法，不仅可以用于病毒核酸的扩增，还可用于毒株的分型，特别是无红细胞吸附能力毒株和低毒力毒株的检测。

ASFV 基因组中含有高度特异、保守的基因序列，这些序列可以通过 PCR 进行扩增。PCR 是指体外合成特定 DNA 片段的一种分子生物学技术，由高温变性、低温退火和适温延伸三个步骤反复循环构成，使位于两段已知序列之间的 DNA 片段呈几何倍数扩增。PCR 首先需要从待检样品中提取 DNA 样品，用作扩增的模板。普通 PCR 扩增结束后，扩增产物采用琼脂糖电泳技术进行检测。实时 PCR 中的扩增产物可以实时监测，在反应混合物中加入荧光染色，随着扩增产物的增加，荧光信号会成比例变化。实时 PCR 较为先进，可对扩增产物进行自动检测，规避了核酸电泳等后续操作所带来的污染风险，而且多数情况下检测敏感性高于普通 PCR。PCR 方法适用于任何临床样本，如全血、血清，组织匀浆和细胞培养上清液等，尤其适合检测那些不适用于病毒分离的样品，如已腐败变质的样品或怀疑病毒可能失活的样品。PCR 方法能够在几小时内完成，特异性强，敏感性高，在感染动物还未出现临床症状前即可检测到病毒核酸，已成为应用最为广泛的非洲猪瘟病原学诊断方法。

P72 蛋白是由 B646L 基因编码的主要结构蛋白，B646L 基因高度保守，B646L 基因序列常被用作 PCR 扩增的对象。此外，B646L 基因序列常用于不同 ASFV 分离株的系统进化树分析和不同 ASFV 毒株的基因型鉴别，所用序列多为 B646L 基因 C- 末端约 478bp 大小的片段，目前，OIE 推荐的以及众多研究开发的 PCR 方法，大多是基于 B646L 基因的高度保守序列，确保能够检测出 24 种 ASFV 基因型。例如，OIE 推荐的实时 PCR 方法，扩增的 DNA 片段大小为 250bp，针对参考株 BA7IV 的整个 VP72 序列第 2041-2290 位核苷酸，使用 TaqMan 探针对扩增产物进行检测。

下面以国家非洲猪瘟参考实验室研发的 ASFV 荧光 PCR 检测试剂盒为例，简述核心试剂和试验流程。

### 1. 分组与用法（表 6-1）

表 6-1 ASFV 荧光 PCR 检测试剂盒核心试剂及用法

| 序号 | 名称 | 装量 | 用法 | 保存条件 |
|------|------|------|------|----------|
| 1 | 反应阳性对照品 | 20 μL/ 管 ×1 管 | 直接使用 | -20℃保存 |
| 2 | PCR 反应液 | 875 μL/ 管 ×1 管 | 直接使用 | -20℃保存 |
| 3 | 荧光探针 | 25 μL/ 管 ×1 管 | 直接使用 | -20℃保存 |

### 2. 作用与用途

用于检测多种临床样本（如全血、淋巴结、脾、扁桃体、肾、肺等）中是否含 ASFV 核酸。

### 3. 实验室自备试剂和耗材

（1）无 RNA 酶污染的纯水，购买或自己制备。

# ❖ 生猪养殖与非洲猪瘟生物安全防控技术

（2）PCR 反应管，Tip 头和 1.5mL 离心管等（要求为无 RNase & DNase 级别）。

## 4. 用法与判定

（1）样本处理。可采用 Roche，QIAGEN 等公司生产的 DNA 纯化试剂盒提取各类样本中的 DNA，或用自动化核酸提取仪器提取各类样本中的病毒核酸。如在 2h 内检测则提取的 DNA 置于冰上保存，否则置于 -20℃冰箱保存。

（2）扩增试剂准备。每个反应的体积为 20μL，其中 PCR 反应液 17.5μL，荧光探针 0.5μL（反应液配制请在冰上进行）。

上述反应体系充分混匀后，将 18μL 反应预混液分装到每个反应管内，最后加 2μL 的 DNA 模板到 PCR 反应管中。

每次检测还应包括反应阳性对照（以 2μL 反应阳性对照品作为模板）和反应阴性对照（以 2μL 灭菌水作为模板）。

（3）PCR 反应。加样后，将 PCR 管置于荧光 PCR 仪内，按下列程序进行反应（表 6-2）。

表 6-2　PCR 反应步骤

| PCR 步骤 | 温度 | 时间 | 循环次数 |
|---|---|---|---|
| UNG 孵育 | 50℃ | 2min | 1 |
| 激活 Taq 酶 | 95℃ | 10min | 1 |
| DNA 变性 | 95℃ | 15S | 45 |
| 引物退火 / 延伸 | 58℃ | 60S | 45 |
| 每循环 58℃时采集 FAM 同道中的荧光信号 | | | |

（4）结果判定。结果的有效性：阳性对照的 Ct 值应该小于 35。反应阴性对照应没有扩增曲线，没有 Ct 值或 Ct 值

大于等于 37。

当样品的扩增结果有典型的扩增曲线且 Ct 值小于等于 35 时，可判定为阳性；当样品的扩增结果在背景信号之下或 Ct 值大于等于 37 时，判定为阴性结果。

当样品的 Ct 值大于 35 小于 37 并且扩增曲线呈指数时被判定为可疑，当扩增曲线呈线性时判为阴性。可疑样品应当重新提取病毒核酸检测，如仍为可疑，可判为阳性。

### 5. 注意事项

由于 PCR 是极其灵敏的技术，所有操作程序中的关键问题就是防止交叉污染，防止出现假阳性结果。污染可能来自 ASFV 阳性样本或 DNA 提取程序中的阳性对照；此外，还可能来自于过去 PCR 扩增的 ASFV DNA 产物。因此强烈要求所有负责 PCR 工作的人员全面严格遵守规章制度，将 PCR 技术相关的污染风险降到最低。

（1）PCR 样品分析的每一步都应在专门区域或地点进行，这些区域可以分为：样本制备区，DNA 提取区，PCR 混合液制备区和 PCR 产物处理区。

（2）PCR 实验室工作人员必须一直戴硅胶或丁腈手套。

（3）人员进入不同的 PCR 区域时，应脱下现有手套，换上新手套。

（4）各区域物品均为专用，不得交叉使用，以免污染。

（5）PCR 专用的材料需要合理放置并标记。

（6）带有扩增产物的试管不得在其他实验室打开或操作，应当统一销毁。

（7）酶混合物容易失活，因此使用时应置于冰上，使用后应放回冰箱冻存。

## 二、直接免疫荧光检测 ASFV 抗原

用荧光素标记抗 ASFV 特异性多抗或者单克隆抗体，然后将荧光素标记抗体与组织压片，触片以及冷冻切片上抗原直接进行反应。如果样品中含有 ASFV 抗原，不管是否具有生物学活性，都可以与荧光素标记抗体发生反应，形成免疫复合体，荧光素在紫外线激发下产生相应的荧光，借助荧光显微镜观察结果。直接免疫荧光抗原检测（Direct Fluorescent Antigen Test，FAT）特异性强，敏感性较高，适用于 ASFV 抗原的检测。该方法已经应用于目前非洲猪瘟疫情发生国家的证实性检测。但由于该方法对实验室的生物安全防护条件、操作者的实验技能以及仪器设备要求较高，因此应用受到了一定限制。

FAT 可检测野外可疑猪或实验室接种猪脾脏、扁桃体、肾脏、淋巴结组织中的抗原。此外，还可以用于检测无血细胞吸附现象的白细胞培养中的 ASFV 抗原，即能够鉴别没有红细胞吸附能力的病毒株。FAT 还可用于病毒培养物的检测，用于区分细胞病变是 ASFV 产生还是其他病毒产生的。但对亚急性或慢性非洲猪瘟病例，FAT 检出敏感性明显降低，可能与感染猪体内抗原-抗体复合物的形成有关。这种抗原-抗体复合物能干扰甚至阻断 ASFV 抗原与结合物之间的结合。

荧光抗体试验时，为保证荧光素标记抗体的浓度，稀释度一般不应超过 1:20，抗体浓度过低会导致产生的荧光过弱，

影响结果的观察。染色的温度和时间需要根据不同的标本及抗原进行合理选择，染色时间可以从 10min 至数小时，一般 30min，染色温度多采用室温（25℃左右），整个反应过程最好在湿盒内进行。

## 第三节 血清学诊断技术

目前对非洲猪瘟尚无疫苗可用于预防，血清学检测阳性通常可做出确诊。

感染后康复猪的抗体可维持很长时间，有时可终生携带抗体。可用于非洲猪瘟抗体检测的方法很多，但只有少数可用作实验室常规诊断。非洲猪瘟血清学检测方法主要有酶联免疫吸附试验（ELISA），间接荧光抗体试验（IFA），免疫印迹试验（IB）和对流免疫电泳（CIE）试验等。其中，最常用的是 ELISA 法，此方法既可以检测血清也可检测组织液。在某些疫情的诊断中，对 ELISA 法检测为阳性的样品，一般应再用其他方法，如 IFA、免疫过氧化物酶染色或免疫印迹等方法进行确证。通常感染了 ASFV 强度株的猪在急性死亡前尚未产生抗体；而感染了中等毒力、低毒力或无致病力毒株的猪，往往病程长并有可能临床康复，通常能产生高水平的抗体。这些抗体虽然不具备病毒中和能力，但可以用于诊断检测。

在非洲猪瘟呈地方性流行的区域，最好用标准的血清学试验（ELISA）方法，再结合另一种血清学试验（IFA）或抗原检测试验（FAT）进行可疑病例的确诊。目前，很多实验室对

95% 以上的阳性病例都要在 PCR 等病原学检测基础上，结合 IFA、FAT 等血清学检测方法进一步鉴定和确诊。而在猪感染无致病力或低致病力毒株时，感染后期或者临床康复后病毒血症消失，血清学试验也许是检测感染动物的首选。对流免疫电泳和 ELISA 均可用于大规模血清普查，但 ELISA 对检测单个阳性血清的敏感性更高。

根据《非洲猪瘟防治技术规范》的要求，从流行病学调查、临床症状等指标临床怀疑非洲猪瘟疫情的，应采集血清样品进行实验室检测，以便做出疑似诊断。

## 一、用于血清学试验的样品

对于发生疫情的畜群，血清学样品采集工作要与病原学样品采集工作同步进行。无菌操作采集动物血液，分离血清，用于血清学诊断、监测或流行病学调查。将血清装入灭菌小瓶中，如有需要可加适量抗生素，加盖密封后冷藏保存。

## 二、酶联免疫吸附试验

酶联免疫吸附试验（ELISA）是一种国际贸易指定试验，用于检测猪的 ASFV 特异性抗体。目前有多种市售 ELISA 试剂盒，分为间接 ELISA 和阻断 ELISA 两种方法，所用包被抗原也不尽相同。

如同其他病原体的 ELISA 方法，使用灭活的全病毒或表达的抗原包被固定在固相载体上（聚苯乙烯板）。间接 ELISA 中，当血清样品中含有 ASFV 特异性抗体时，会与吸附在板上的抗原结合；如果血清样品中不含特异性抗体，则不能与包被抗原结合。加入酶标第二抗体结合 ASFV 抗体和包被抗原复合物，加入底物呈现颜色反应。阻断 ELISA 中，待检血清与包被抗原反应后，再加入针对包被抗原的特异性酶标单抗进行反应。如果血清中含有一定滴度的非洲猪瘟病毒特异性抗体，酶标单抗就不能或者减少与包被的抗原结合。反之，如果血清中不含ASFV 特异性抗体，酶标单抗就与抗原结合，最后加入底物呈现颜色反应。ELISA 方法既可以检测血清，也可检测组织液，此外还可用于大规模的血清学普查。

　　ELISA 方法敏感性强，但样品保存不好，出现腐败，变质等情况下，敏感性会明显降低，为解决样品质量带来的影响，Gallardo 等利用重组蛋白作为包被抗原建立了新的 ELISA 方法。在用 ELISA 方法检测不合格血清样品出现阳性或可疑结果时，需用间接荧光抗体试验、免投印迹试验等确证方法做进一步检测。

## 三、间接免疫荧光试验（IFA）

　　IFA 是一种敏感性高，特异性强的快速检测方法，既可用于血清又可用于组织液的检测，通常用于无非洲猪瘟流行地区 ELISA 检测阳性的血清，以及来自地方性流行地区经 ELISA 检测结果可疑血清的确诊试验。

　　将感染 ASFV 的原代细胞或者传代细胞固定于细胞板或者载玻片上，加入待检血清作用，如果被检血清中含有 ASFV 特异性抗体，就会与细胞中的 ASFV 抗原结合，再加入荧光素标记的第二抗体与抗原 - 抗体复合物结合，在荧光显微镜下观察结果，阳性血清会在感染细胞的细胞核附近呈现特异性荧光。操作时，应同时使用标准阳性和阴性血清作为对照，避免非特异荧光信号引起的误判。

## 第④节 我国批准使用的非洲猪瘟现场快速检测试剂

为做好非洲猪瘟疫情的发现、报告和处置工作，农业农村部对非洲猪瘟的实验室检测提出了明确要求，各检测实验室要按照有关要求，遵守实验室生物安全操作规范，严格开展实验室活动。发生疑似非洲猪瘟疫情的，由省级动物疫病预防控制机构进行确诊；各受委托实验室发现疑似阳性结果，要将疑似阳性样品送省级动物疫病预防控制机构进行确诊。确诊后要将病料样品送中国动物卫生与流行病学中心备份。

为降低非洲猪瘟病毒扩散风险，农业农村部已部署开展了2 批非洲猪瘟现场快速检测试剂评价工作，并要求各地在动物检疫中对生猪及其产品开展非洲猪瘟病毒检测时，应当使用经过比对符合要求的检测方法及检测试剂盒（试纸条），确保检测结果准确。

# 第七章
# 生猪健康养殖技术

现代养猪生产以"阶段饲养""全进全出""均衡生产"为主要特征（图7-1）。阶段饲养方法将相似生理状态和饲养目标的猪只

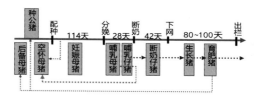

图7-1　现代养猪生产流程

放在一个单元里饲养，提供既满足特定猪群需要又经济可行的阶段性的饲料、设备和环境条件；全进全出方法使各单元之间猪群流转时实现空栏消毒，避免交叉感染；均衡生产1周、2周、3周或者4周为批次来组织生产，实现设备使用效率、劳动生产效率和产品市场销售稳定性的平衡。健康养殖也是围绕这三个方面来开展工作的。

# ◆ 生猪养殖与非洲猪瘟生物安全防控技术

## 第一节 批次化生产的调整

非洲猪瘟传播的一个重要来源是猪场外来运猪车，为减少运猪车传播的风险，可以采取将猪场售猪的时间间隔延长，即延长猪场批次时间。目前，传统的批次时间是 1 周 1 批。比利时专家调查比较了批次化生产的现状以及猪场场主对批次化的满意度。该国猪场的传统批次也是 1 周 1 批次，后来 3 周 1 批次盛行，再后来，出现了 2 周、4 周甚至 5 周的批次。不同批次对母猪舍单元的数量的影响见表 7-1。

表 7-1　猪场不同批次生产情况下母猪组数及猪舍单元数

| 母猪阶段 | 1 周批次 | 2 周批次 | 3 周批次 | 4 周批次 |
|---|---|---|---|---|
| 哺乳母猪组数 | 5 | 3 | 2 | 2 |
| 哺乳母猪单元数 | 6 | 3 | 2 | 2 |
| 妊娠母猪组数 | 12 | 6 | 4 | 3 |
| 妊娠母猪单元数 | 13 | 7 | 5 | 4 |
| 配种母猪组数 | 5 | 3 | 2 | 2 |
| 配种母猪单元数 | 6 | 3 | 2 | 2 |
| 售猪时间间隔 | 1 周 | 2 周 | 3 周 | 4 周 |

注：仔猪 24 d 断奶，母猪断奶后 7 d 发情

因此，为防控非洲猪瘟，延长猪场批次间隔是一种防控方法，采取延长批次生产时，对既有旧猪场需要改造调整猪舍，对于新建猪场，可以按照新的生产工艺流程和批次及工艺参数设计猪场。

## 第二节 后备母猪的饲养管理

后备母猪饲养要实现母猪足够体质储备，保证母猪正常发情排卵。影响母猪正常发情的因素主要包括发育状态、健康状态、环境因素及霉菌毒素（图7-2）。

后备母猪的饲养关键包括以下几个方面。

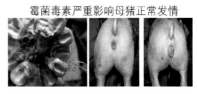

霉菌毒素严重影响母猪正常发情

图7-2 霉菌毒素对母猪的影响

### 一、初配适龄

后备母猪初配适龄标准建议包括：体重135~170kg；日龄220~270d；背膘厚度12~18mm。

### 二、专门饲养

后备母猪应饲喂专门化后备母猪料，控制日粮能量水平，提高优质粗纤维和精氨酸、谷氨酰胺、亮氨酸及铜、锌、锰等微量矿物质元素含量，控制日增重和背膘厚度促进繁殖系统发育；采用小群饲养，增加母猪运动量，改善肢蹄质量；后备母猪舍环境温度控制在16~23℃。

### 三、短期优饲

在配种前1~2周，后备母猪饲喂高能、高蛋白日粮使其体质达到配种要求，促进发情排卵。

### 四、催情排卵

青绿饲料、发酵饲料能促进母猪发情排卵，并避免母猪便秘；种公猪的定期接触、母猪小

全株青绿玉米发酵养猪提高效率，降低成本

图 7-3　青绿饲料、发酵饲料

群饲养、运动、延长光照时间及提高光照强度也有利于母猪的发情排卵（图 7-3）。

## 第三节　配种管理

为了防止疾病的传播，提高优良种公猪的配种效率，加速猪种改良，避免近交，减少公猪饲养成本并增加商品猪整齐度，建议猪场采用人工授精进行配种。人工授精环节需严格把握供精种公猪的健康和生产性能水平，并规范精液的处理、储存、运输和输精操作。

适时配种确保精子和卵子有充足的相遇时间，是保障母猪配种效果的基本条件（图 7-4）。待配母猪每天上、下午应由种公猪进行试情。上午发现静立反应的母猪，当天下午输精一次，第二天下午再进行第二次输精；下午发现静立反应的母猪，第二天上午输精一次，第三天上午再进行第二次输精。

特别需要注意的是，在目前非洲猪瘟疫情压力下，在进行查情、配种工作时，最好使用公猪车，将公猪关在公猪车内，由人员推行或自动行驶，避免公猪与母猪的直接鼻对鼻接触，但是母猪可

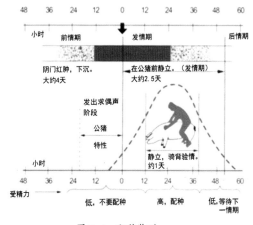

**适时配种是保障配种效果的基本条件**

图 7-4　配种监测

以看到公猪、闻到公猪气味、听到公猪声音，不影响查情、配种效果。

## 第④节　妊娠母猪的饲养

妊娠母猪饲养要保证胚胎顺利着床，正常发育，同时保持母猪正常膘情，避免便秘。

妊娠母猪饲养应注意以下几个方面。

配种后 5d 内建议将个体饲喂量减少 1/3，避免高饲喂量造成血浆孕激素水平下降，影响胚胎着床。5d 后根据母猪体况实施个性化饲喂，妊娠最后 2~3 周采用高水平日粮并逐渐增加饲喂量。

提供优质饲料原料，确保胚胎发育。

日粮中提供优质纤维素，控制膘情，避免母猪便秘。

建议采用半限位栏小群饲养，满足动物福利，提高母猪肢蹄质量（图 7-5）。如果采用大群智能化饲养系统，建议母猪在单体栏饲养到妊娠 30d 以后再转入大群饲养系统，以避免争斗应激导致流产。

后备母猪舍环境温度控制在 16~23℃。

提供充足、卫生的饮水。

妊娠母猪舍采用漏粪地板、纵向通风时，建议舍内长度不超过 35m，以保证舍内污浊气体能有效排出。

预产期前 7d，将妊娠母猪清洗后转入分娩哺乳猪舍。

**确定妊娠后母猪采用半限位栏饲养**

图 7-5　半限位栏饲养

## 第五节　哺乳母猪饲养

哺乳母猪的饲养要使母猪分泌足够乳汁，为哺乳仔猪提供免疫和营养保障，同时减少母猪营养负平衡导致体质下降，以避免影响下一胎次的正常繁殖。

哺乳母猪饲养要注意以下几个方面：

（1）充分采食。采用高能高蛋白日粮以满足母猪泌乳需求，建议少量多次，减少料槽剩料。条件许可时建议采用自动湿料饲喂系统（图7-6）。

（2）提供充足卫生的饮水。

（3）分娩哺乳猪舍温度控制在20~22℃。

（4）仔猪断奶转群后建议彻底清洗消毒，并空栏3d以上。

（5）保持猪舍内安静，避免噪声引起母猪应激。

**哺乳母猪精细饲养设备促进母猪采饲**

图7-6 哺乳母猪精细饲养设备

## 第六节 哺乳仔猪的饲养

哺乳仔猪生长发育快，物质代谢旺盛；消化器官不发达，消化腺机能不完善；体温调节机能发育不全，抗寒能力差；缺乏先天免疫力，容易患病。

哺乳仔猪饲养应注意以下几个方面：

（1）尽早吃足初乳。初乳通常指产后3d内的乳，其中干物质、蛋白质含量较高，而脂肪含量较低；含镁盐，具有轻泻作用，可促使仔猪排出胎粪和促进消化道蠕动；含有免疫球蛋白，能增强仔猪的抗病能力。

（2）分娩后3d内，通过人工辅助确保每只初生仔猪能够接触到乳头。

（3）仔猪局部环境温度应维持在 34~36℃。

（4）及时清理栏内粪便，并保持仔猪局部环境干燥。

（5）仔猪 7 日龄开始补充优质教槽料，使其适应谷物类营养来源。

（6）分娩后 7d，对于大窝的仔猪实施寄养（图 7-7）。

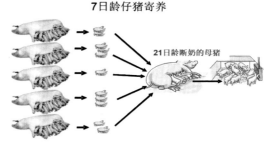

图 7-7　7 日龄仔猪寄养

## 第七节　断乳仔猪的饲养

断奶早期、断奶后面临着营养和环境的双重应激，容易造成抗病力下降，生长停滞，发病率提高。

断奶仔猪的保育应注意以下几个方面：

（1）提供优质日粮，并适当过渡不同阶段日粮。

（2）严格实施全进全出，仔猪转出后彻底清洗消毒，空栏 3d 以上。

（3）断奶仔猪舍环

图 7-8　断奶仔猪猪舍环境

境温度应维持在 26~30℃。

（4）断奶仔猪建议采用网床饲养，并及时清除粪便。

（5）保持断奶仔猪栏内通风干燥（图 7-8）。

## 第⑧节　生长育肥猪的饲养

生长育肥猪的饲养目标是维持猪群健康生长，尽快达到出栏体重，并确保出栏猪没有药物残留。

生长育肥猪的饲养需要注意以下几个方面（图7-9）：

（1）采用批次育肥方法，每个单元猪群实现全进全出，猪群转出后，对猪舍进行彻底清洗消毒，并空栏 7d 以上。

（2）按体重相近的原则进行合理组群。

（3）采用自由采饲，并提供充足卫生的饮水。

（4）生长育肥猪舍环境温度维持 23~25℃，保持通风良好。

图 7-9　育肥猪饲养

（5）兽医应严格控制猪群用药，并做好记录，确保休药期结束后再出栏。

# ❖ 生猪养殖与非洲猪瘟生物安全防控技术

## 第九节 加强营养与营养调控

在非洲猪瘟的严峻形势下，利用营养免疫调节的措施，配合饲养环境的综合管控和生物安全措施，制订猪的养殖方案，对于促进猪的健康养殖无疑具有重要的意义。同时，利用营养调节措施，增强猪的抵抗力，尤其是应用中草药，对于后抗生素时代的安全养殖业和零残留、零排放的生态养殖也具有不可忽视的价值。

### 一、营养免疫调节技术

是利用营养调节手段，增强动物免疫机能、防病抗病、减少或去除饲料中药物添加剂使用和提高畜产品质量的综合技术。对营养免疫技术的掌握和应用需要深入了解营养物质在动物机体内的代谢、转化及其与免疫机能的调节。养猪生产中，营养物质在满足机体生长的需要外，还可以调节机体的免疫机能。通过营养调控、优化营养因素对免疫功能的促进作用，为动物发挥最佳生理功能、减少疫病发生、提高经济效益提供依据，对于养猪业有深远的意义。

（1）氨基酸是合成猪的淋巴细胞以及合成抗体、急性应答蛋白及细胞因子的基本营养物质，主要通过肠道黏膜，发挥免疫功能。氨基酸不仅是动物维持、生长和生产（繁殖）所必需的，也是免疫机能维持正常的重要营养基础。影响动物免疫功能的氨基酸主要功能性氨基酸有苏氨酸、色胺酸、谷氨酰胺和精氨酸，对肠道免疫机能具有重要的调节作用。苏氨酸作为黏液蛋白的一种组分，可以抵抗病菌和病毒的入侵；在断奶仔猪日粮中添加谷氨酰胺，可防止空肠绒毛萎缩，能缓解小肠结构的改变，减少肠道的通透性和肠道细菌、内毒素的移位；精氨酸可促进 T 淋巴细胞活化和吞噬细胞活性，减少肠黏膜萎缩，加速受损肠黏膜的修复，增强机体局部和全身免疫力。尤其采用低蛋白质日粮，更要保持主要功能性氨基酸平衡。

（2）脂肪酸中短链脂肪酸、中链脂肪酸、多不饱和脂肪酸等脂类物质也能够影响动物的免疫机能，主要是通过影响细胞膜上抗体和淋巴因子分泌以及抗体、抗原分布情况，调整吞噬作用、促进细胞因子的产生和白细胞的迁移，有效缓解动物的损伤，提高免疫力。

（3）维生素也是影响猪免疫机能的营养素，所有的维生素都直接或间接的参与免疫，主要是发挥抗氧化和免疫作用，维持动物的健康，稳定和清除体内自由基，从而增强免疫防御能力，改善动物健康。

（4）寡糖类如果寡糖、甘露寡糖、半乳寡聚糖、木寡糖、大豆寡糖、异麦芽寡糖等，具有益生元特性，能够调整肠道菌群组成，促进有益菌的增殖，激活免疫细胞，增加抗炎症因子产生以及肠道中 SIgA 的分泌，从而发挥免疫调节作用。合生素具有益生元和益生素的优势，可以提高断奶仔猪的免疫能力，减轻仔猪早起断奶应激。多糖类物质可以促进细胞因子的生成，激活补体系统，促进抗体的产生，同样可以提高机体免疫机能。

## 二、中草药中含有多种生物活性物质

随着现代分析提取技术的发展，开发植物中的活性功能物质，成为医药学领域研究的热点。植物药中含有生物碱、皂苷、多糖、黄酮类、萜类等物质已经被开发为药物或者药物成分，在调解机体生理免疫机能、抗病、治疗中发挥重要的作用。在养猪上，特别是防治仔猪细菌感染性腹泻方面，中草药的效果十分显著。

# 第八章
# 良种猪繁育体系构建

受非洲猪瘟全国性传播的影响，种猪供应受到前所未有的挑战。

## 第一节　种猪供应方式多样化

采用多种方式保障种源供给，这是生猪复产的关键前提。基于当前实际，重点从以下六个方面来优化种猪供应模式。

### 一、轮回杂交和终端轮回杂交

采用轮回杂交方式或商品代母猪留种成为当前供应母猪主要方式之一。为了避免后备母猪的持续引进导致非洲猪瘟等疫病的传播风险，建议商品猪场在商品猪群中选留后备母猪，有计划地引入优秀种公猪（精液）实施配种，通过轮回杂交或者终端轮回杂交方法来开展商品猪的繁育。

# ◆ 生猪养殖与非洲猪瘟生物安全防控技术

在实施轮回杂交或者终端轮回杂交时，需要注意以下几个关键技术点。

（1）种公猪（精液）挑选要严格把关。注意挑选健康的种公猪；挑选遗传性能优秀的种公猪，特别强调长白、大白的繁殖性能优秀；对于各世代后备母猪，轮回使用不同背景（品种、品系）的种公猪（精液）配种；实施人工授精或者冷冻精液人工授精。

外生殖器形状反映了生殖道的发育

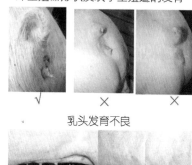

乳头发育不良

图 8-1　后备母猪挑选

（2）后备母猪的挑选（图 8-1）。大窝里挑大个的初生仔猪作为后备母猪；从健康的窝里挑后备母猪，不从出现疫病或遗传缺陷的窝里挑后备猪；后备母猪单独饲养；对后备母猪进行体型外貌评定。

（3）后备母猪的标识。做好配种和产仔记录，避免混精配种；大白公猪（精液）配种后生产的后备母猪左耳打缺口；长白公猪（精液）配种后生产的后备母猪右耳打缺口；其他小母猪、小公猪不打缺口；杜洛克公猪（精液）配种的后代不打缺口。

（4）配种管理。需要繁殖后备母猪时，左耳缺口母猪必须用长白公猪（精液）配种，右耳缺口母猪必须用大白公猪（精液）配种；不需要繁殖后备母猪时，用杜洛克（精液）配种，生产后代不打耳缺，全部育肥出栏。

## 二、适当调整生产母猪的品种结构

传统商品猪场通常需要常年引进大量的长大、大长二元杂母猪补充淘汰的生产母猪。为最大程度减少引种次数，可以引进纯种长白或者大白，通过场内扩繁，生产二元杂母猪，减少引种风险。

## 三、灵活应用品种配套模式

有效提高养猪生产效率的品种配套模式是充分利用杂交优势，目前我国养猪业中主要有杜长大、杜大长纯种配套生产模式和配套系生产模式。出于生产安全暂时封场的现象，为实现满负荷生产，必要时可以采取回交的方式补充生产母猪，亦即早期挑选体型外貌符合要求的杜长大、杜大长青年母猪，按照后备母猪要求培育为优质父母代母猪。为尽量减少生产效率的降低，终端父本的选择显得尤为重要，最好的模式是用父系大白作为终端父本，其次长白，而尽量避免使用杜洛克作终端父本。

## 四、采用商品化公猪精液

终端父本的遗传性能影响商品猪生产性能的一半，所以优良公猪在养猪生产中具有十分重要的作用，尤其是按上述方法改变了生产母猪的品种结构或品种配套模式的情况下，可以购买符合生物安全要求的优良公猪精液（要确保进行过非洲猪瘟检测），而场内则只饲养在商品猪中挑选合适的公猪作为试情公猪。此外，使用冷冻精液可以较常温精液更好地适应生产节律，减少物流次数。

### 五、应用生物技术保存优良遗传资源（详见第九章）

### 六、应用基因组选择技术，保障持续选育

品种的持续改良则关乎企业长期的核心竞争力。基因组选择技术的应用可在一定程度上保障种猪育种工作的持续进行。基因组选择（GS）是一种利用覆盖全基因组的 SNP 标记而进行的标记辅助选择技术，它可以提高选择的准确性，同时还能够实现早期选择，因此当建立了参考群后，可以大量减少现场测定的个体数，从而有利于 ASF 防控。

### 七、强化引种隔离

养猪生产中，根据生物安全的需要，对新引进的种猪都需要采取隔离的措施来降低新引进种猪携带 ASFV 而污染原生产群的可能性，同时也避免新引进种猪直接暴露于大量原猪群的病原微生物之下。应对拟引进的种猪进行逐头检测，确认 ASFV 阴性，并在隔离舍隔离 30d，其间进行临床监测和随机抽样检测。

## 第二节 良种猪繁育体系重构方案

结合非洲猪瘟综合防控要求，构建以种公猪站为纽带、以省为单位的区域性联合育种体系，跨场间联合遗传评估迈入实质开展阶段，并逐步推动跨省间遗传联系的建立。区域性的种猪遗传评估和联合育种工作，是解决长期以来我国猪育种过程

中所产生的问题，提高猪及其产品的质量，逐步减少活体引种数量，提高我国种猪的整体质量和竞争力的迫在眉睫的任务。

在金字塔育种体系中，育种不再仅仅局限于核心群，需要源自核心群，立足于终端消费，整合全繁育体系的大数据支撑；育种不再仅仅局限育种场，需要全产业链的全局利益最大化；育种不再仅仅局限于单点技术应用，需要跨领域、跨学科技术方法的整合；种业系统工程需要体制机制创新驱动，产学研深度融合。未来猪繁育体系的群体遗传改进将基本依赖于父本高强度选择，快速大范围传递。无论是终端父系、第一母系、第一父系等均实现猪场封闭运行，5000头以上大规模母猪场更加必须实施全封闭运行。区域性高度集中的核心育种场和繁育体系全覆盖公猪站是育种改良的基石。

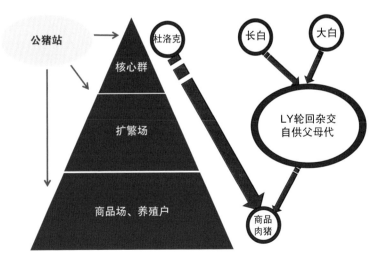

图 8-2　下一代良种猪繁育体系模式

据此，为重构下一代良种繁育模式（图 8-2），一是以种公猪站为纽带，加快构建下一代良种猪繁育体系。规划布局一批核心或社会化服务种公猪站，建立以公猪精液为核心的基因传递模式，建立核心群、扩繁群（公猪或母猪相结合）、商品生产群金字塔式良种猪繁育模式。二是构建现代生猪种业发展政策体系。农以种为先，生猪种业具有战略性、长期性、公益性，加快编制现代生猪种业发展规划，落实好现代种业提升工程、良种补贴、种质资源保护等各项扶持政策，加大对生产性能测定、遗传评估与全基因组选择等育种基础工作的支持力度。三是构建现代种业评价与管理体系。加强第三方测定机构条件能力建设，提高集中测定的权威性和公正性。加快建立良种优质优价机制，引导广大养殖场户选良种、用良种。加强种猪市场监管与执法检查力度，严厉打击无证经营等违法违规行为。四是构建地方品种遗传资源保护与开发利用体系。完善国家、省、市多层次地方品种遗传资源保种场、保护区和基因库的建设，实施地方品种登记，建立畜禽遗传资源动态监测预警体系。开展地方畜禽品种种质特性评估与分析，挖掘优良特性和优异基因。

下一个 10 年，我国育种体系将围绕以下关键任务来驱动：一是全基因组与常规育种融合，繁育体系全功能群数据整合；二是区域性种猪联合育种体系建设对生猪产业整体水平提升；三是推动千万级集团化生猪繁育体系建设；四是大规模终端父系猪核心育种群建设，实现社会化认证优质种公猪的全覆盖；五是地方猪种资源开发利用，满足未来差异化的市场需求；六是推动育种第三方技术服务体系建设，实现行业公认的种猪（公猪、母猪）质量认证（图8-3）。

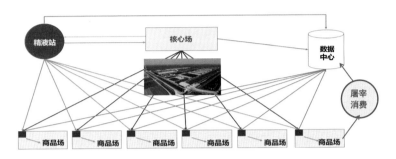

图8-3　全产业链数字化全覆盖的良种猪繁育模式

# 第九章
# 非洲猪瘟与猪遗传物质生物技术保种

　　生物技术保种是利用超低温冷冻技术保存畜禽胚胎、精液、卵子、体细胞、DNA、组织等遗传材料的保种方法。生物技术保种是一种安全、高效的保种策略。自从非洲猪瘟在我国暴发以来，相关部门已经采取有效措施进行防控，但是猪遗传资源仍然面临着严重威胁。因此，利用生物技术对我国优良种猪遗传物质保种，对生猪产业发展意义重大，对于种猪育种场有必要应用现代生物技术保存场内的优良遗传资源，以备未来克隆恢复，尤其是濒危地方猪遗传资源，进行抢救性保存迫在眉睫。生物技术保存遗传资源主要包括以下4个层面，即配子冷冻保存（冷冻精液保存、卵母细胞）、冷冻胚胎、体细胞库建立、DNA组织样及基因文库保存。

## 第一节　生物技术与猪遗传物质保种意义

### 一、建立资源战略储备，保障国家种业安全，推进种业强国建设及畜牧业供给侧改革

种业是农业核心竞争力的主要体现，"种业强，农业强"。我国是世界公认的畜禽种质资源大国，但不是强国。畜禽种质资源是人类社会可持续发展的物质基础。多年来种质资源的收集保存成为世界关注的焦点。无论是美国、英国、法国等发达国家，还是乌干达、马拉维、突尼斯等发展中国家都建立了自己的资源库。美国国家动物种质资源库（NAGP）是目前世界最大的畜禽种质资源库，至今已保存 149 个品种，107 万份遗传材料。我国国家级家畜基因库从 1992 年建设至今，已经保存了 104 个家畜品种，67 万份遗传材料。

我国是世界上猪遗传资源丰富的国家之一，有丰富的猪遗传资源，主要以产仔数多，肉品质优良，适应性好等优良特性著称于世，成为世界猪育种的优秀素材。如英国 PIC 公司在商业化瘦肉型猪选育体系中导入我国梅山猪的高繁殖性能基因后，培育出的大白猪品种享誉全球。但最近二十几年来，由于为满足人民对猪肉的需求，为了畜牧业上得到更高的效益而造成饲养品种趋于单一化，大约克夏猪、长白猪和杜洛克猪（简称杜长大），以及它们的二元杂交、三元杂交后代，几乎占据了中国所有的生猪市场。对于地方猪品种而言，受外来高产品种强烈冲击，生态环境的破坏以及人为的过度利用等诸多因素影响，我国地方猪品种数量逐渐减少和消失的问题日渐突出。

# ◆ 生猪养殖与非洲猪瘟生物安全防控技术

根据第二次全国畜禽遗传资源调查显示，中国特有的 88 种地方猪种里，大约 85% 地方猪种的存栏数量急剧下降，其中 31 个品种处于濒危状态和濒临灭绝。在这次为期 5 年的调查中，有横泾猪等 8 个地方猪种未发现，项城猪等 4 个品种已灭绝。而地方品种是我国养猪业实现供给侧改革的基础。消费者需求正在转变，地方特色畜产品开发将持续受到关注。目前，我国蛋类人均占有量超过发达国家水平，肉类人均占有量超过世界平均水平。随着人们生活水平的提高，对畜禽产品的需求也将"多元化"，由吃饱到吃好、吃好到特色转变。地方畜禽品种的开发将受到越来越多的关注，可能成为下一轮的投资热点。而我国畜禽地方品种开发利用还有很大的空间，目前，我国商品猪生产中地方品种猪仍占不到总量的 10%。

## 二、解决活体保种成本高、保种效果不一致问题

我国每年从国外引进原种猪 1 万头，总是在延续"引种 - 退化 - 引种"恶性循环。尤其我国地方种公猪不能有效利用，导致保种群近交退化严重。在全国地方猪中，拥有 15 个左右公猪血统的品种已为数不多了，大多数品种可能已少于甚至远低于 15 个公猪血统。对于公猪血统数量的问题，可采用彭中镇教授提出的建议，根据数量遗传学原理，世代间隔为 3 年，实行各家系等数留种方式，应保 31 个公猪血统才能达到 50 年内平均近交系数仅为 5% 的目标；15 个公猪血统的情况下，50 年内该品种保种群体的平均近交系数可能会达到 9.94%。保存冷冻精液和体细胞可以解决这一问题。

### 三、有效应对非洲猪瘟疫情，减少地方猪遗传资源损失

当前我国非洲猪瘟疫情防控形势仍然十分严峻。在当前缺乏安全有效疫苗防制的形势下，猪场一旦发生非洲猪瘟疫情只能进行全群扑杀、隔离和封锁，对生猪产业造成损失极其严重，特别是对于国家生猪核心育种场、地方猪资源保种场、种公猪站以及其他养殖场，一旦感染非洲猪瘟疫情，极其可能导致群体灭绝，永久失去宝贵种质资源，损失不可估量。因此，面对非洲猪瘟的严峻形势，在做好生物安全措施的基础上，同步利用生物保种策略保存我国种猪资源精液细胞、组织等遗传材料，将是未来值得考虑的发展方向，作为活体保护的重要补充方式，对于应对非洲猪瘟疫情威胁，降低种猪资源灭绝风险具有重要现实意义和长远战略意义。

### 四、冷冻精液产品对于种猪遗传物质远程交换流通、育种的安全性十分重要

具有生物安全程度高、保存时间长、制作成本低等特点，还可以延长猪精液的保存期限，降低引种及饲养成本，提高优秀种公猪的利用率，破解鲜精制约性瓶颈，防止疫病传播，从质量上能够保障生猪生产对生物安全的需求。

## 第二节 生物技术保种方案

### 一、冷冻保存精液

在当前非洲猪瘟严峻形势下，推广应用猪冷冻精液是濒

危地方猪遗传资源保种的主要捷径，并能快速保存优秀种公猪遗传物质。猪冷冻精液生产技术已经成熟，冻精解冻活力60%~80%、受胎率85%、产仔数10头左右，我国部分公司冻精解冻活力、受胎率、产仔数以及后代适应性等指标已达到国际先进水平。按照冻精解冻程序复苏冻存精液，结合深部输精技术，即可发挥优秀种公猪的基因价值。

《畜禽细胞与胚胎冷冻保种技术规范》（NY/T 1900—2010）标准根据我国畜禽保存现状，在总结其他畜禽资源保种过程中存在问题的基础上参照国际种质资源保存的标准制定了猪冷冻精液保存标准，主要内容为：

冷冻精液保存指标为每个品种保存冷冻精液不少于30 000剂（0.5mL细管），每个品种公猪不少于10头，每个个体保存冻精不少于300剂，每支剂量 ≥ 0.40mL，活力 ≥ 30%，精子畸形率 ≤ 20%，每支前进运动精子数 ≥ $1.0 \times 10^9$，每支细菌菌落数 ≤ 800个。但该标准是基于今后大面积改良或恢复品种而制作的冷冻精液保存数量，目前，非洲猪瘟疫情严峻，为了抢救性采集保存地方品种猪冷冻精液，在考虑能恢复有效群体的情况下，建议按每个品种收集保存冷冻精液5 000剂（0.50mL）或者10 000剂（0.25mL）即可，其他指标同上。

## 二、卵子冷冻保存

最近10年，卵母细胞的低温储藏取得了很大的进展。在许多不同种生物中，卵母细胞冻融后是可育的。在一些物种中，卵母细胞冻融后的成功发育、受精和胚胎形成已有报道。由卵母细胞发育成胚胎再形成个体已在牛、老鼠、马和人等实验成功，目前通过冷冻卵母细胞产生后代的效率还是低于冷冻胚胎。《畜禽细胞与胚胎冷冻保种技术规范》（NY/T 1900—2010）标准规定每个品种保存冷冻卵母细胞不少于 1 000 个，母畜不少于 35 头，每个个体保存卵母细胞不少于 30 个。

## 三、体细胞冷冻保存

体细胞冷冻保存是成熟的保种技术，该技术具备可以保存不同日龄、不同性别的种猪资源，结合体细胞克隆技术，可以随时快速恢复原有种猪资源群体，避免非洲猪瘟疫情造成灭群威胁。动物组织细胞培养学的发展和体细胞的超低温冷冻保存研究可以弥补活体保存、精液和胚胎冷冻保存技术的不足，为构建濒危猪地方遗传资源体细胞库，大规模地保存濒危地方猪的遗传资源提供了技术平台和保障。动物体细胞含有该物种所有的遗传物质，当该物种由于某些因素在地球上消失时，其遗传物质是不会消失的，我们就可以从细胞库中提取该物种的体细胞，通过细胞培养或移植技术，再建已灭绝的动物。随着细胞生物学和分子发育生物学高度发展，无论从收集、提供实验材料，或是从收集、保存和应用动物遗传资源角度看，动物体细胞技术都将有重大意义和辉煌前景。国内体细胞克隆技术指标已经达到国内领先、世界一流水平，已具备在全国范围进行示范与推广的条件。《畜禽细胞与胚胎冷冻保种技术规范》（NY/T 1900—2010）标准规定体细胞冷冻保存指标公猪不少于 10

头，母猪不少于 25 头，每个个体体外培养第 3～4 代细胞 6 管，细胞密度为 $1 \times 10^5 \sim 5 \times 10^5$ 个 /mL，台盼蓝染色检查细胞存活力 80% 以上。

## 四、胚胎冷冻保存

冷冻胚胎在牛、羊的慢冷冻和玻璃化程序都非常成功。猪的冷冻胚冷冻技术仍在攻克中，主要猪胚胎内脂肪滴对低温比较敏感。但是，最近的研究表明，抽出猪胚胎内脂肪及胚玻璃化方法上取得了一些进展。《畜禽细胞与胚胎冷冻保种技术规范》（NY/T 1900—2010）标准规定每个品种冷冻保存体内胚胎不少于 200 枚，每个品种公畜不少于 10 头，母畜不少于 25 头，每个种公畜配种获得的胚胎数不少于 20 枚，冻前胚胎质量为 A 级。

## 五、DNA 与构建基因文库

遗传资源就是基因资源，基因是贮存在 DNA 分子上的遗传信息，理论上保存该遗传资源的 DNA 就是保护了遗传资源，随着分子生物学技术的发展，对遗传变异的分析已经从表型、蛋白质多态深入到 DNA 分子水平，利用 DNA 分子水平可以更全面、准确地分析种群的遗传变异。

利用基因克隆技术可以组建动物基因组文库，使一些独特的遗传资源得到长期保存，在需要时可通过转基因技术在畜禽群体中重现。基因组文库是指将某生物的全部基因组 DNA 切割成一定长度的 DNA 片段克隆到某种载体上而形成的集合。

基因组 DNA 和文库的区别在于前者不能永久利用，后者可以无限增殖，可持续利用。目前，以基因保存为目的的猪文库构建方面国内外还没有应用，只是保存了一定数量的基因组 DNA。以保存为目的文库构建方面，我国已经开展了 20 多年研究应用工作。

# 第十章
# 非洲猪瘟综合防控案例

在这次非洲猪瘟疫情中,大型企业通过大规模检测、反复探索,针对非洲猪瘟接触性传染、热敏感、怕酸碱等特性,总结了一批行之有效的综合防控技术体系。现汇总如下。

## ⊘ 案例一:防疫生产有机结合,稳定生猪生产

2018年以来,为防控非洲猪瘟疫情,温氏集团制定种猪场、家庭农场发展规划,在稳定生猪生产、保障生猪供应方面制定和执行了相应措施,取得了一定成效。

## 一、推动现代高效化种猪场 + 现代家庭农场(以大企业代小规模农户模式)建设

温氏集团继续坚持两个转变,发展生态绿色安全畜禽养殖

业。大力推动传统种猪场向现代高效化种猪场转变，传统养殖户向现代家庭农场转变，增加养殖规模，降低劳动强度，提高养殖效率。吸纳贫困劳动力就业，提高农民收入。

种猪场方面，部分条件成熟的传统猪场在原址上升级改造为高效化种猪场，同时探索高层集群式种猪场建设。高效化种猪场配套自动喂料系统、自动温控系统、高温高压冲洗系统、自动清粪系统、物联网监控系统、环保处理系统及完善的生物安全系统。

家庭农场方面，加快推动传统合作家庭农场转型升级，完成传统旧式猪舍重建或改建为高效模式，推动养猪业转型升级，打造高效化现代养殖示范区。为提高家庭农场（小规模农户）升级改造积极性，温氏集团出台了新建高效家庭农场或传统家庭农场升级改造奖励制度，给予升级改造或新建家庭农场肉猪奖励及免息借款。资金来源于家庭农场主自筹、公司给予部分免息借款、引入金融机构贷款等。

## 🛑 、多举措防控非洲猪瘟、稳定生猪生产

第一，提升意识，加强培训，群防群控。自非洲猪瘟在国内发生以来，温氏集团加强宣传和培训，并与政府部门建立联防联控机制，建立生物安全防线，确保大环境安全；主动配合当地政府相关部门，对猪场 3km 范围内进行排查，消除隐患，净化养殖环境，密切关注周边疫情，收集、上报第一手信息，及时采取相关措施，全面贯彻落实各项防非措施。

# ❖ 生猪养殖与非洲猪瘟生物安全防控技术

第二，严抓生物安全防控，确保大生产安全稳定。以人、车、物流为切入点，阻断病原传播途径。公司累计投入"防非"硬件配套超 1 亿元，科学配套软件硬件，全面提升生物安全水平；全力构筑猪场三道防线（大门口、生活区、生产线），杜绝病毒传入，做好"人员、车辆、物资、饲料、后备猪"（五进），"猪苗、淘汰猪、猪粪、生活垃圾、医疗垃圾"（五出）把关，阻断病毒传播；建立分公司与猪场二级洗消中心（图 10-1），确保车辆消毒烘干；稳步推行使用专业运猪车（图 10-2），规避猪只运输途中生物安全风险；稳步推进饲料散装运输，猪场围

图 10-1　车辆洗消烘干中心

图 10-2　专业运猪车

图 10-3 猪场围墙边建造散装饲料塔

图 10-4　配置散装饲料运输车

图 10-5　建造淘汰猪中转站　　　图 10-6　家庭农场生物安全硬件配套

墙边建造散装料塔（图 10-3），配置散装饲料运输车（图 10-4），散装料车直接在场外打料入场，减少饲料车入场风险；设立淘汰猪中转站（图 10-5），降低运输频次和淘汰频率，避免客户车引入生物安全风险；加强对合作家庭农场的疫病防控理念宣传和防疫知识培训，指导和监督家庭农场严格落实疫病防控措施，配套生物安全硬件设施设备（图 10-6），最大化减少损失。

温氏集团按照制定的非洲猪瘟防控的工作部署，坚持不懈地落实好各项关键防控措施持续查漏补缺，防堵漏洞。同时不断优化防控措施与流程，删减烦琐、影响正常生产、大幅增加人力而防控效果不突出的措施，构建适应未来、具有较好运作水平的生物安全体系，为养猪业健康长远发展保驾护航。

第三，优化生产流程，提高工作效率，储备基层干部员工。由于防非严峻形势，各猪场针对人员进出、休假制度进行了更加严格的规定，导致部分员工思想不稳定，离职率有所上升，温氏集团加大员工招聘力度，加强培训，以老带新的方式，快速提升新员工技能水平，加强团队建设，提升员工荣誉感和归属感。合理设计猪场批次生产模式，强化满负荷均衡生产，确保最大化释放产能，制订详细的批次生产周转计划和生产流程，确保工作安排合理，在确保生产稳定的前提下，适当简化相关操作，提高工作效率，储备基层干部员工，满足公司发展需求。同时，集团增加激励措施，提升干部员工积极性。集团实施保有效产能等专项考核，对完成考核目标单位进行奖励。温氏集团拟出台超产奖励等额外激励，调动干部员工积极性，争取最大程度保产出、多产出。

第四，强化种猪资源管理，确保种源充足。强化纯繁及扩繁生产布局，明确当前各类种猪需求数量，以各公司种猪"自我生产、自我配套"原则，加大种猪资源储备，满足发展需求；重点关注家庭农场小种猪饲养情况，强化后备猪回场管理，减少过程损耗，提高后备猪选留率和利用率，加速推进猪场引种进度；合理开展场外配种，加快投产速度，加大肉猪种用数量，弥补种猪缺口，加快推进猪场满负荷生产。

第五，加强生产管理，确保生猪有效产出。受前期非洲猪瘟疫情防控的影响，温氏集团的种猪、仔猪调运受限，导致种猪和猪苗出现一定程度的积压。广东省防控重大动物疫病应急指挥部办公室及时发布《关于进一步加强生猪调运监管工作的通知》，确保了种猪和猪苗调运工作的顺畅运转，为后续保证生猪上市奠定了基础。强化蓝耳、伪狂犬、腹泻、猪瘟等重大疫病的防控，落实相关免疫和保健措施，实现稳定控制；从改善母猪体况、加强仔猪护理，优化排苗流程及强抓肉猪精细化饲养等方面着手，尽快恢复正常生产秩序，提高仔猪及肉猪的有效产出，争取最大程度保产出、多产出。

第六，均衡销售、保障供给。合理制订销售计划，确保销售相对均衡，适时实行"养大猪"策略，提升单头体重，增加猪肉供应。

在非洲猪瘟疫情下，做到、做好快速投产增产，同时，充分认识防疫和生产的关系，由原来被动防疫转变为主动防疫，由原来被动生产转为主动生产，把防疫和生产有机地结合起来，理顺流程，有效应对非洲猪瘟疫情，推动生产走向正常轨道。

# ❖ 生猪养殖与非洲猪瘟生物安全防控技术

## ⊘ 案例二：软硬件全面升级防控非洲猪瘟

当前疫病流行严重，且国内多区域都有发生，各养殖公司想要保住猪场，将ASFV（非洲猪瘟病毒）阻挡于猪场外部，最有效的方式是切断传播途径。牧原食品股份有限公司具体的做法如下。

## ⬡ 、全面升级防疫硬件，筑牢三道防线

**筑建三道防疫体系**：围墙防疫体系。完善猪场周围围墙，只留大门口、出猪台、出粪池等位置与外界连通，其他区域全部围蔽，不留任何漏洞。排水沟用铁丝网阻拦，防止猫犬进入。

生活区与生产区围栏防疫体系。彻底隔离生产区与生活区，确保所有进出只能通过唯一大门口进入。

猪舍与猪舍隔离体系。隔离区域、片区生产区域、环保区域之间筑建隔离带，用不同颜色的衣服，区分不同区域的工作人员，做到不交叉。

**厨房外移**：场内厨房移至猪场外围，选取防护距离合理的地点，对食材进行消毒，并加热熟化，所有饭菜都经过高温后进入猪场。

**前置消毒点**：在现有猪场门口，增加一道消毒关卡，使用有效的消毒药物消毒。该点要具备对车辆、道路、人员、物资、

药物疫苗的消毒。具备物资加热功能，对所有能进行加热的物资进行 60℃，30min 的加热。

**建设车辆清洗烘干中心**：所有进场或靠近猪场的业务车辆（饲料车、猪苗车、种猪车、猪粪车、垃圾车），在靠近猪场之前，都要在洗消中心进行清洗，消毒，烘干。烘干要求60℃，30min 以上（图10-7 至图 10-9）。

图 10-7　车辆消毒烘干中心

图 10-8　猪舍外围隔离带

图 10-9　前置化消毒点

## （二）、全面封场，严控"五进五出"

**五进**：除了饲料、药物、疫苗、猪只及必要生产物资进入猪场，其他物资减少或禁止进入猪场。

饲料入场前要对饲料车进行彻底消毒，通过中转的方式接驳进入猪场（图 10-10），有条件的可使用散装料塔传送进入猪场,阻止饲料车及饲料袋入场。

药物疫苗在场外进行2次消毒,1次臭氧熏蒸,可以加热的进行加热处理后,方可进入场内。疫苗外包装必须经过有效消毒药物浸泡后,经过臭氧熏蒸方可入场。

外来人员、本场休假人员进入猪场,存在较大风险,视为红色警戒。人员回场前进行有效隔离,对需要回场人员进行ASFV抽样检测。检测合格后,回场人员执行沐浴、换衣鞋,生活区隔离后,方可进入生产区。在疫情高危区域,可执行封场。

猪只引种要谨慎。ASFV感染猪,具有一定潜伏期,引种之前检测为阴性,但不能确保该猪没有被感染。在疫情高危区域,可以暂时闭群,不引种。

所有物资进场,先经过消毒水彻底喷淋,有内孔的(如管道),也必须用消毒水消毒;物资必须经过60℃,30min加热后,方可入场。

**五出:**所有人员、猪只、医疗废弃物、垃圾、猪粪出场,必须经过中转,外来车辆不得进入场内。

猪场出猪台设置单项回流关卡,确保猪只能出,不能进。

图10-10　饲料中转入场　　　　图10-11　密封式猪只转运车

运输车辆使用密封式猪车（图 10-11），确保运输安全。

人员外出必须经过场长或者更高级别的管理人员审批，坚持只出不进，减少风险。

在疫病流行高危区域，建议停止垃圾、猪粪、医疗废弃物外运。确实需要外运的，经过中转的方式转运出去，对中转点进行彻底消毒。

疫病高危区域，实行"封场、闭群"，切断外来可能的传播风险，保证场内安全。

### 三、切实控制饲料生产防疫安全

饲料厂接触的外界车辆最多，人员来源复杂，原料产地较多，运输途经路线较长，感染风险大。通过一系列防疫手段，提高饲料厂防控等级。

一是建立前置清洗消毒点。所有到饲料厂的车辆，在前置点清洗干净并消毒（图 10-12）。原料车与成品料车使用不同的地点。

二是厂区门口消毒。对所有进入厂区的车辆，使用喷淋系统，对车辆进行彻底喷淋消毒，驾驶室使用雾化消毒机消毒。司机人员换衣、换鞋，经过雾化消毒进入厂区。

三是原料与成品区域隔离。原料车与成品料车从不同入口进出饲料厂，做到不交叉（图 10-13）。饲料厂区域内对原料区与成品料区进行物理隔离，用不同颜色衣服区分，不交叉、不串岗（图 10-14）。

四是饲料生产区域隔离。用物理隔离带把饲料生产区与生活区隔离开，员工上班必须进过沐浴房沐浴换衣进入生产区域（图10-15）。进入生产车间进行二次换衣换鞋。

五是高温制粒生产。更改饲料生产工艺，对所有饲料进行高温处理。温度保证80℃，持续3min以上制粒。

图 10-13　成品料车消毒棚

图 10-12　原料车消毒架

图 10-14　生产区隔离带

图 10-15　生产区沐浴房

## ④、健全防疫管理体系，压实防疫责任

猪场场长要制定符合本场的防疫管理体系，落实防控责任。每个防控环节如何操作，制定流程图，对操作人员进行思想及操作培训。建立监督机制，监督每个防疫环节落实情况，确保无漏洞可钻（图 10-16，图 10-17）。

图 10-16　关键点视频监控

**猪场出猪流程**

猪车在洗消中心消毒烘干60℃，30min ➡ 猪车到达猪场高压冲洗消毒 ➡ 进入烘干间再次加热60℃，30min，司机更衣换鞋 ➡ 场外指定人员赶猪上车，卖猪人员不出猪房 ➡ 运输完毕后，猪车清洗消毒烘干，定点停

图 10-17　岗位流程示意

## ⑤、积极与政府沟通协作 打赢防非攻坚持久战

与当地动物防疫部门紧密联系，掌握实时疫情动向。落实动物防疫部门提出的防疫指导意见，不断升级防疫硬件，制定合理的防疫流程，并监督落实。对猪场周围 3km 的散养户进行规范，消毒。监控猪肉产品及生猪进入猪场周边地区，确保大环境安全。

## ❖ 生猪养殖与非洲猪瘟生物安全防控技术

### ⊘ 案例三：理论结合实际，有效防控非洲猪瘟

新希望六和股份有限公司在非洲猪瘟防控中，采用将养猪场及其投入品的生物安全，以识别风险因素、分区管理、关口控制位框架，构建"生猪产业链闭环生物安全体系"。在生猪供应上游、生产端、生产后端和销售端控制可能的病原体载体风险。采用全面科学的采样方案，最大限度地利用新一代qPCR检测及诊断，尽早发现可疑个体，及时精准清除，实现全群净化。结合产业链生物安全贯通、种猪场三周净化罗盘法、合同农场分级颜色管理等管理措施，可完全实现非洲猪瘟在养猪产业体系内可防、可控、可净化。

### ⬡ 、闭环生物安全体系理论与实践

#### 1. 生物安全分级管理理论

按照"长城 - 关隘守卫"理论，进入猪场风险因素采取红、橙、黄、绿四类颜色：① 分出等级；② 划清界限；③ 设立关口；④阻断载体（图 10-18）。

#### 2. 闭环生物安全体系

围绕生猪产业链的各环节，构建供应端（饲料原料、饲料加工、运输）、生产端（种猪场场外物资供应、3km 风险因素、场内各生产单元等）、生产后端（合同农场、多点自育肥场）、销售端及屠宰端的风险因素管理生物安全体系。

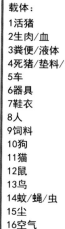

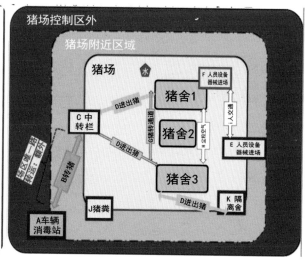

图 10-18 猪场生物安全分区颜色管理

## 二、生猪供应上游生物安全

### 1. 饲料厂生物安全

整体创新方式：一点生产、多点配送、分区管理、密闭"供、产、消"（图 10-19）。

（1）饲料实行全过程管控方法，包括原料选取、运输过程、生产过程，保证各环节安全。

（2）饲料厂参照红、橙、黄、绿分区管理方案，人员、物资、车辆进场采取各级关口管理方法。

（3）考察原料供应商，弃用高风险原料，每批原料采购前进行检测，合格后再选用。

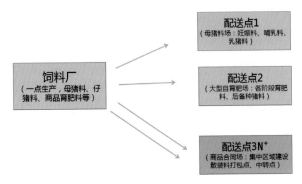

图 10-19　饲料厂生物安全创新模型

图 10-20　饲料车管控流程

（4）饲料制粒温度保证 80℃持续 3min。

（5）所有饲料运输车使用专业运输车，按照流程洗消、检查、检测，合格后使用（图 10-20）。

## 2. 猪场 3km 风险因素消除

（1）周边环境主要针对 3km 内养殖散户和周边关键道路。

（2）针对养殖集团，若周边疫情压力大且外部生物安全体系不完善，要考虑对周边 3km 内的散养户进行清退并做补偿协议。

（3）借助卫星地图确定清群范围，分组对各村进行逐户排查。

（4）对于猪场周边主要道路，按照消毒方案制定每周消毒频次，确保有效消毒。

（5）设置安保巡查队，每天定时对猪场周边进行巡查。

## 3. 其他风险因素控制

### （1）车辆控制（图 10-21）。

① 在猪场 5km 内设置三级洗消体系，分别为 5km 一级洗消、3km 二级洗消、靠场三级洗消；② 对整体车辆流动制定

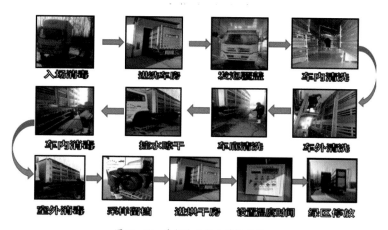

图 10-21 车辆生物安全管控流程

详细流程,对各级洗消点制定详细洗消流程;③ 洗消中心人员均需经过专业培训,合格后上岗;④ 按照生物安全检查表,生物安全员对洗消后的每辆车进行现场检查。

**(2) 物资管控(图10-22)。**

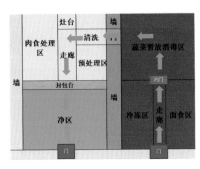

图 10-22 食材进场控制流程

① 制定详细的物资进场流程;② 在距离猪场 3km 左右设置物资隔离减毒点和食材分洗中心(图 10-22),同时,对进入猪场的食材进行清洗、分切、水煮等预处理功能;③ 物资隔离减毒点和食材分洗中心制定专门的处理流程,内部进行净污分区管理;④ 使用专门物资运输车将物资和食材运至场区门口,卸车过程遵循净污分区管理要求。

**(3)人员管控。**

① 制定详细的人员进出场区流程;② 在距离场区 10km 左右位置设置人员隔离点,在此进行对人员的检测、更衣、洗澡、隔离等工作;③ 人员经过减毒处理且检测合格后,使用专门的人员运输车将其运至场区;④ 在场区门口再次经过更衣、洗澡等减毒措施后,进入场内。

### 三、生产端生物安全

本部分主要针对种猪场非洲猪瘟处置环节进行阐述。

## 1. 群体与个体诊断

注：对全场技术员反复培训，场长一对一确定栋舍负责人掌握非洲猪瘟四阶的临床症状。每天报告异常猪只临床症状。

## 2. 三周净化罗盘法

"三周净化罗盘法"是一种技术与管理方法的结合，包含了工作目标（3周内实现群体净化与清除）、工作方法（新一代 qPCR 全群检测 - 精准清除 - 全面净化）、群体监测等措施。

### （1）全群检测与排查。

① 确定受污染范围，猪群鼻 + 肛拭子、环境全群采样；② 处置，充分准备后低污染状态离群；③ 监测异常猪，持续3周；④ 通常3周内可实现猪群、环境等净化，全部监测阴性。

### （2）精准清除阳性猪及受威胁猪。

① 每天所有检测阳性猪只，须第一时间清除离群；② 赶猪操作：阳性猪赶出猪舍时，所有经过的舍内过道必须铺设地毯和两侧彩条布，并用消毒液（卫可 1:100）打湿；③ 转猪人员：参与转运的场内人员、赶猪人员、场外人员穿着一次性隔离服和鞋套，转猪结束后立即进行无害化处理。

### （3）网格化精准清除环境病毒。

① 将猪舍按照排布划分若干单元小格，分别为阳性猪单独栏位网格和整体栏舍网格；②单元网格全覆盖检测，阳性栏位采取火焰消毒 + 氯类消毒剂清除病原，阴性网格不做处理；③ 重新检测阳性处理栏位网格和受威胁网格化区域，阳性持续重复处理，阴性则完成环境病原清除；④ 根据网格化

## ❖ 生猪养殖与非洲猪瘟生物安全防控技术

颜色的变化，全部栋舍转为绿色，即实现了全部猪群 + 环境的清除和净化。

### （四）、快速实验室检测体系

新一代 qPCR 检测—剔除技术有力保障基于全面配套的实验室检测体系，该公司建立全国性的三级快速检测与监测联动实验室体系，即"三级检测体系"，为 4h 出采样、6h 出结果、12h 有行动提供有力保障。

### （五）、结语

通过构建与实践闭环生物安全体系的新生物安全策略，识别生猪生产中非洲猪瘟风险因素，并能够有效切断其向群体中传播，大大提高了猪场非洲猪瘟及其他传染病的发生概率。在群体中出现少量阳性猪及风险载体后，通过快速的群体与个体诊断，不断创新的现场采样方法、新一代 qPCR 检测—精准清除等应用，有效地阻断了在群体中的传播，快速实现全面净化，并且该项系统的技术已经成为大多数养猪企业的共识，并在积极实践中不断改进提高。

## ⊘ 案例四：打造非洲猪瘟防控"铁骑 333 模式"

四川铁骑力士集团围绕非洲猪瘟疫情的规律与防控需求，从全员意识认知、硬件配置、执行管理、持续改善、激励等多方面来打造闭环生物安全体系，打造一套行之有效的非洲猪瘟防控"铁骑 333 模式"。

### 一、全员意识和认知共识管理

集团于 2018 年 8 月成立了"非洲猪瘟防控领导小组"。充分抓好疫情轮动的时间性和空间性，在西南区域疫情空白阶段进行了集中时间段的学习、讨论和认识提升，并将达成的集体意识和行动要务传达给生产一线的干部队伍，通过多次反复的全员培训，达到思想的高度重视、意识和认知的共识，确保全员行动的一致性。

首先，安排技术核心团队充分学习非洲猪瘟病毒的相关生物学特性，积极参与行业会议，查阅国内外相对系统的防控方案与评估设计系统方案在猪业事业部的应用。

其次，邀请业内资深专家和学者到访，帮助核心技术团队厘清防控思路，并积极主动参与先发区域（东北、华中）行业专门会议，总结经验与教训。

再次，通过"非洲猪瘟防控领导小组"机制，对各区域管理团队和技术团队进行多次业务培训和思想建设，并通过三级培训把培训内容下沉到生产一线。

# ❖ 生猪养殖与非洲猪瘟生物安全防控技术

最后，集成一个阶段的认知与理解，形成猪业事业部《非洲猪瘟防控红线管理1.0》，围绕生物安全体系建设与执行作为核心业务，并以此作为生产一线防控工作的行动指南。并在后期的防控阶段总结与持续改善工作中更新版本，以不断适应新形势下的防控。

## ⓶、外部结构性防非体系完善与升级

有效切断是防控的关键所在，集团在防控关键风险点建立了红线管理制度，根据《非洲猪瘟防控红线管理》要求，猪业事业部结合防控要求与目标，对所有猪场生物安全防控硬件进行提档升级。希望通过满足关键点控制的硬件完善，在此基础上建立匹配的执行流程和标准，实现"以切断为核心"的"多层防御、逐级降低、切断思维、极简管理"的生物安全体系建设目标。事业部构建了"333"防控体系：三级中转、三级洗消、三级区域防控，完成了"五流管控"（车、物、人、猪、料）及相关硬件配置。

### 1. 车辆

建立三级洗消体系（一级外部洗消、二级大型洗消中心精洗、三级临场卡点洗消）、车辆流动管控体系、自有物流体系，实现所有车辆不进入场区（图10-23），

图10-23　猪只专用转运车

按照风险级别设置分级中转表（10-1）。

表10-1 车辆管控

| 车辆类别 | 苗猪转运车 | 种猪转运车 | 淘汰转运车 | 饲料运输车 | 内转猪车 | 人员接驳车 |
|---|---|---|---|---|---|---|
| 防控要求 | 不入场,中转 | 不入场,中转 | 不入场,中转 | 场外打料 | 不出场 | 专车接驳 |
| 洗消级别 | 完整三级 | 完整三级 | 完整三级 | 完整三级 | 内部洗消 | 二级 |
| 硬件配置 | 自有车辆 | 自有车辆 | 自有车辆 | 自有车辆 | 自有车辆 | 自有车辆 |
| 执行要求 | 每车监测 | 每车监测 | 区域中转点 | 散装料 | 不出场 | 定期监测 |

*所有车辆都有相应的洗消流程标准，确保专车专用专管，解决车辆运输带来的生物安全风险*

2. 人员

对人员流动采取导向限制和专门化管理。主要措施：

一是采取封场高额补贴，对能够克服个人困难连续坚守岗位人员，按照时间跨度，实行月度600~1800元金额不等的封场补贴刺激。可以减少很大部分人员离场进场频率，降低带入性风险。

二是设置人员隔离中心，回场前在区域隔离中心进行洗消换、采样监测，确保安全后使用专门接驳车送至猪场，再度进行入场洗消换（图10-24）。

3. 物资

猪场由于生产需求，进入场区的物资品类多、数量多、消毒处理方式受限。结合非瘟病毒半衰期特点，建立了区域物资集中暂存点和猪场物资暂存点。

## ◆ 生猪养殖与非洲猪瘟生物安全防控技术

区域物资暂存：按照采购计划采购 2~3 个月物资放在区域仓库放置集中熏蒸，按照搁置先后顺序分发到猪场。

猪场物资暂存：送达猪场的物资放置一周以上暂存，暂存间设置热风机干燥至 50~60℃，处理后按照流程入库。

厨房外移：为了解决厨房物资采购繁多带来的风险，通过厨房外移至大门外，实行熟食加工后专车送餐。

4. 饲料

公司供应的所有饲料由自有饲料厂加工，优选新疆玉米，饲料厂专线生产猪料，专班封厂生产，对加工设备升级，实现高温制粒，从原料和工艺确保饲料成品无风险。所有入场饲料都由散装料车拉至场外，通过中转料塔运输至舍内。

图 10-24　区域集中洗消中心

5. 猪只

公司近两年在进行增产扩能，大量的后备猪要在体系内流动（图 10-25）。为了监测猪群的非瘟状况，实现安全猪群的有序流动，事业部和区域公司都购置了大型荧光定量 PCR 和搭建了相应的分子生物学实验室。

图 10-25 猪只中转台

## 三、流程执行与现场督导

围绕"333"防控体系的所有生物安全执行流程，事业部职能部门进行了梳理和 SOP 化，并通过多次培训和网络考试等方式来督促员工学习与理解。生物安全理念的深入人心并最终形成现场的执行力，需要深度理解的人员现场说法与执行指导。建立了事业部层面专门的生物安全督导组，专业人员把猪场一线作为生物安全流程执行与督导的主战场，定向安排到一线对猪场人员进行现场培训。在流程执行和现场督导过程中，通过"树标杆，抓典型"方式在事业部掀起执行氛围，让人人重视、上脑上心上手，最终实现生物安全从意识理念转化为生产现场实实在在看得见的行动力。

## 四、猪场内部管理

在做好外部结构性防非设置与执行的基础上（图 10-26），对猪场内部的防非做了以下几个方面的工作。

内部流动管理：按照猪场内人、猪、物流动执行小区域单向流动，避免无序带来的管理真空。严格执行全进全出的生产管理措施，优化内部猪群结构，实现简单化管理。

# ❖ 生猪养殖与非洲猪瘟生物安全防控技术

图 10-26　路障道闸

1. 生物媒介管控

蚊蝇鼠及猫狗等生物也可能是非洲猪瘟传播的重要媒介，进行了专业灭四害。通过物理障碍，诸如防鼠板、高筑墙、堵漏洞、防鸟网等来解决生物媒介传播。

2. 猪群抵抗力提升

在非洲猪瘟背景下，不断优化群体免疫策略，降低普免频率，增加抗病营养和非特异性免疫方面的投入，并积极拥抱减抗替抗，通过减少抗生素使用而相应增加中成药的使用，提高猪群的健康水平，以此来提高群体感染阈值。

## 五、创新考核与挑战激励

非洲猪瘟不但给养猪生产业带来了很大的损失，也对以往常规的猪场经营管理方式带来了巨大的挑战。对其防控要投入大量的资金和人力，势必会影响到生产经营单元的绩效考核和财务预算。集团管理层与时俱进，从经营管理层面给猪业事业部创造条件，及时调整经营考核方案，鼓励加大防控投入，实现结构性防非，充分享受市场红利。

生产单元积极响应事业部的各种防控策略与硬件配置，通过持续不断的完善结构性硬件，增强防控信心。通过对赌机制，实现 1:（15~20）的非洲猪瘟特别绩效激励，以此倒逼团队不折不扣的执行各项防控要求，实现了集团利益最大化，团队利益丰富化。

# ◆ 生猪养殖与非洲猪瘟生物安全防控技术

## ◎ 案例五：御敌于外、截病于初，非洲猪瘟可防可控

　　根据非洲猪瘟的流行病学、感染特点、病原特性及科学检测等研究成果，大伟嘉集团提出"御敌于外、截病于初"的防控理念，并在此理念下制定出基于"精准检测、风险可知、多道防线、层层滤除、强化评估、持续改善"的结构性生物安全方案，以及基于"增强免疫、提高门槛、及时发现、定点清除"的截病于初实施方案。在此防控方案的指导下，成功抵御了非洲猪瘟的挑战。

## 一、御敌于外、截病于初的理念

　　根据非洲猪瘟虽然感染性强、致死率高，却是高度接触性传播的特点，将猪场与周边环境按风险等级实施分四区、管四流的结构设计，布置四道防线，层层滤除风险。根据非洲猪瘟病原虽然环境抗性强，但对强酸、强碱、醛类、复合碘类消毒剂敏感以及不耐高温等特点，在每道防线处，设计有效的消毒方

图10-27　御敌于外、截病于初理念图示（改编自仇华吉老师）

案，并将处理结果即时检测评估。做到尽最大努力将风险抵御在猪舍之外，减少病毒接触易感猪的剂量和频率（图10-27）。

根据大部分猪场健康度差的母猪先发病的特点及非洲猪瘟病毒感染时免疫逃避的机制，对实行限饲的妊娠猪群给予充足营养，增加背膘管控标准，提高健康度；给猪群添加具有免疫增强作用的中药制剂，增强抵抗力，提高感染阈值，让猪群可以抵御低剂量低频率的病毒攻击。

## 二、结构性生物安全确保御敌于外

以易感动物为中心，根据生物安全风险级别将猪场与周边环境分为缓冲区、隔离区、生活区与生产区。结构性的设置四道防线，严控人流、车流、物流和有害生物流等传播途径，通过分四区、管四流等设计做到精准评估，远离风险，层层滤除，保证御敌于外。

### 1. 分四区

不同生物安全等级区之间设置一道防线，每道防线均设有切实可行的消毒管理措施（表10-2），针对特定风险进行处理。

A：周边区与缓冲区之间设立第一道防线（距离猪场3km以上），设置隔离中心、销售中心、车辆初洗点，将拉猪车和最难控制的外来人员带来的风险摒弃于猪场之外；

B：在缓冲区和隔离区之间设置功能齐全的洗消中心作为第二道防线，清洗消毒处理所有入场的人、车、物；

C：在隔离区与生活区之间设置第三道防线，包括人员换洗通道、物资熏蒸通道、中转料塔、中转出猪台，所有车辆内外分开，所有人、物均进行消毒处理；

D：在生活区与生产区间设置第四道防线，管理有害生物流（蚊、蝇、鼠、鸟）、人员换洗和物资熏蒸。

**表10-2　消毒管理实施标准**

| 消毒场所 | | 消毒药物 | 消毒对象 |
|---|---|---|---|
| 缓冲区 | 隔离中心 | 75%酒精、过硫酸氢钾 | 人员、衣物 |
| | 车辆初洗点 | 强碱性泡沫清洗剂、戊二醛 | 车辆 |
| | 销售中心 | 强碱性泡沫清洗剂 | 车辆 |
| 隔离区 | | 过硫酸氢钾 | 人员、衣物 |
| | | 臭氧、甲醛 | 物资 |
| | | 强碱性泡沫清洗剂、多聚甲醛 | 车辆 |
| 生活区 | | 过硫酸氢钾 | 人员 |
| | | 臭氧、甲醛 | 物资 |
| 生产区 | | 强碱性泡沫清洗剂、多聚甲醛 | 空舍 |
| | | 臭氧、甲醛 | 物资 |

## 2. 管四流

A：所有外来车辆均需要经过清洗—消毒—烘干后（图10-28），经用荧光定量PCR方法检测非洲猪瘟病原为阴性后方可进入洗消中心进行二次洗消处理。场内场外车辆严格分开，互不交叉。饲料和猪只转移均通过车辆完成。

B：所有人员采用四换洗、四隔离的方法控制风险，分别在隔离中心、洗消中心、隔离区、生活区每处隔离24h，每处

图 10-28 料车洗消

图 10-29 物资熏蒸

洗澡后换穿下一区域专用服装方可进入。

C：所有入场物资采用一清洁三熏蒸的方法处理，洗消中心将所有入场物资进行预处理，清理灰尘和杂物，去除外包装。之后经过三道防线进行臭氧或甲醛熏蒸（图 10-29），保障消毒效果。

D：根据生物习性，对鸟、兽采用隔断驱离处理，对蚊、蝇、鼠采用物理隔离与化学灭杀为主的手段，防止生物媒介传播疾病。

### （三）、采取综合性措施提高免疫力，截病于初

采用提高营养加中药保健的综合方法提高抵抗力，使猪群可以抵抗低剂量低频率的非洲猪瘟病毒攻击。首先使用背膘管理的办法（图 10-30），精准调控营养，使母猪群背膘高于推荐值 3mm（图 10-31），维持高营养水平，提高猪群健康度。

### 母猪背膘测定

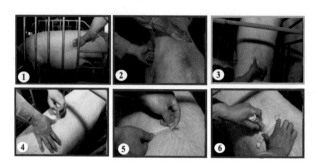

图 10-30 背膘管理

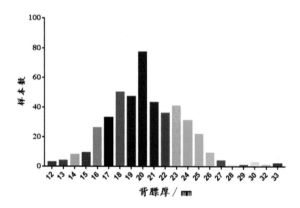

图 10-31 调整后背膘分布

　　其次通过对调节免疫力中药的准确评价，选择可以提高猪群免疫力、诱导内源性干扰素产生的中药，提高猪群抵抗力，截病于初。

　　免疫类中药。中草药中含有多种生物活性物质。随着现代分析提取技术的发展，开发植物中的活性功能物质，成为

| 项目 Items | | 组别 | | | | P 值 |
|---|---|---|---|---|---|---|
| | | 空白组 | 低剂量组 | 中剂量组 | 高剂量组 | 显著性 |
| IFN-β(pg/mL) | 7d | 229.60±38.35 | 217.71±38.42 | 249.24±25.84 | 230.82±18.92 | 0.664 |
| | 14d | 239.37±15.60[b] | 234.94±27.63[b] | 211.69±16.78[b] | 283.03±22.61[a] | 0.014 |
| | 21d | 214.62±15.50[b] | 299.49±16.63[a] | 303.81±33.23[a] | 280.96±39.71[a] | 0.003 |
| | 28d | 264.05±59.43 | 241.12±44.29 | 245.41±28.49 | 278.03±38.48 | 0.743 |

图 10-32 中药提高免疫诱导干扰素

医药学领域研究的热点。植物药中含有生物碱、皂苷、多糖、黄酮类、萜类等物质已经被开发为药物或者药物成分，在调解机体生理免疫机能、抗病、治疗中发挥重要的作用（图 10-32）。在养猪上，特别是防治仔猪细菌感染性腹泻方面，中草药的效果十分显著。

通过对增加免疫类中药的准确评估、选择可以提高猪群免疫力，诱导内源性干扰素产生，提高猪群抵抗力，截病于初。

## （四）、精准检测、科学评估、持续改进

开发生物安全评估软件，生物安全检查表，由兽医定期或不定期对生物安全设施、设备、人员操作、记录进行检查，查缺补漏，持续改进。

邀请外部兽医专家进行交流，学习外部先进经验与最新的研究成果，不断升级生物安全措施和方法，持续改进。

在猪场附近建立检测实验室，采集猪场周边环境样品、每道防线的处理样品，评估风险等级与风险距离。确认消毒处理结果，及时根据检测结果采取补救措施。

## ◆ 生猪养殖与非洲猪瘟生物安全防控技术

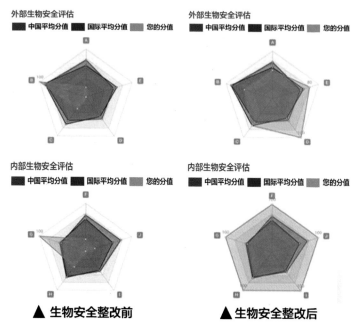

▲ 生物安全整改前　　　　　▲ 生物安全整改后

图 10-33　生物安全评估整改

　　对猪群进行定期检测评估,对大群采集口腔液检测病原监测猪群感染情况。对每头异常猪只采样检测,确定是否为非洲猪瘟感染,做到健康评估和尽早发现。

　　面对非洲猪瘟,在目前没有商品疫苗来保护易感动物的情况下,仍然可以依靠科学的认知,运用系统思维,通过构建结构性生物安全方案(图 10-33)、提高易感动物的感染阈值、精准评估风险、反馈处理结果等综合性措施,做到对非洲猪瘟的可知、可防、可控。

## ◇ 案例六：楼房养猪与"铁桶防非"模式

　　扬翔"楼房养猪模式"或者"楼房猪场"，并非普通的平层猪场叠加而成的楼房（图 10-34），而是根据猪的生理需求和生活条件要求做了深度适应性设计的新式猪场。楼房猪场一体化设计，高度集中的空间，利于资源的高度整合集成，通过人工智能、区块链等技术应用，实现全程数据信息化。对于监管而言，能够在区域内实现对养猪生产过程、环保、疫病等进行全面的检测和监控，大大降低监管成本和监管难度，提高监管效率。

　　扬翔实际运行这种楼房猪场 2 年时间，生产指标优秀且稳定，并在非洲猪瘟形势之下保证了安全生产，楼房母猪场和楼房公猪场 100% 保住。

　　楼房猪场从设计上就保证了高度的生物安全可靠性，可以有效阻断非洲猪瘟的传播。

图 10-34　扬翔亚计山楼房猪场

# ◆ 生猪养殖与非洲猪瘟生物安全防控技术

## 一、楼房养猪实现了高度生物安全保障及环境条件可控

（1）楼房猪场配套隔离中心、物资消毒储存中心、洗消中心、检测中心和中央厨房等五大中心，建立全方位立体式的生物安全保障。

（2）猪场各功能单元之间相互独立，每一栋楼房相互隔离。

（3）每一栋楼房底层架空，形成天然的隔离，层与层之间互不关联、互不交叉，且每一层内是小单元设计，独立封闭空间切断病原的传播和交叉污染（图10-35）。

（4）母猪采用闭锁繁育模式，实现后备母猪内部供应，一次引种之后不再需要外来引种，大大减少外来病毒的入侵概率。

（5）配套使用猪场内部小型饲料厂及自动料线，能为"切断非洲猪瘟病毒，阻隔非洲猪瘟病毒于猪场之外"再加上一道保险。

（6）通过水帘+L9级空气过滤+中央空调盘管三层结构设计，保证进入的空气洁净、清新（图10-36）。

（7）地沟通风创新设计，保证每头猪都呼吸到新鲜的空气。

图10-35　楼房猪场猪舍内部

（8）楼房猪场外墙为隔热层，通风道使用保温砂浆工艺，保证已经通过中央空调降温的空气温度稳定。同时，通过智能控温系统智能调节猪场内部温度。

图 10-36　楼房猪场 L9 级空气过滤系统

通过上述措施，猪场的生物安全可靠性极高，场内环境调节精密度也很高，给猪提供了一个非常好的生存、生长条件。

## 二、楼房猪场的环保处理实现粪污资源化利用和零排放

（1）楼房猪场尿粪通过配套建设的有机肥厂，结合现代微生物技术，实现粪污资源化利用和零排放，是生态友好型养殖模式的有益探索。

（2）楼房猪场的废气通过负压换气系统统一收集，经过益生菌处理的四道水帘净化后排出楼外，确保外排气体、无异味。

（3）胎衣、死猪通过封闭管道输送到焚尸炉集中无害化处理，有效杜绝交叉污染。

环保过得了关，是猪场能够运行的必要条件，楼房猪场在设计中对此有充分的考虑。

### 三、"铁桶猪场"防非复产模式

根据楼房智能猪场的生物安全理念，扬翔公司打造了"全封闭式管理"猪场，创新出适用于中小养殖户的"铁桶猪场"（图 10-37）。铁桶猪场基于"封闭""安全"两大特点，猪场完善的硬件设施与严格的生产管理相配合，如铁桶一般密不漏风，坚不可摧。

#### 1. 铁桶猪场的结构与功能

铁桶猪场分为"服务中心""管道运输"和"铁桶猪场打造"三大部分。

（1）服务中心具备人员隔离中心、洗消中心、中央厨房、物资总仓、检测中心的功能。

其中，人员隔离中心是外来人员进入猪场前，需要在隔离中心隔离住宿、洗澡换衣、消毒的场所；中央厨房是所有猪场所需的食材，先统一采购，经过中央厨房消毒处理、制作半成

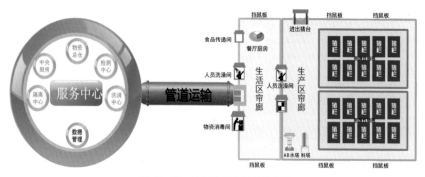

图 10-37　扬翔铁桶猪场防非模式

图 10-38 铁桶猪场分区

品或成品的场所；物资总仓是猪场所需的生活、生产物资先统一采购，再经过总仓消毒、备库并专车中转配送至猪场；洗消中心具备清洗、消毒、烘干功能，所有接近猪场的车辆都在洗消中心经过洗消合格后才进行运输工作；检测中心具备检测非洲猪瘟病毒资质的实验室，对猪场进行定期抽样检测，及时掌握猪场疫情变化情况。

（2）运输管道是通过密闭式专用车辆，将猪场所需的人员、物资猪只等安全运送到猪场。

（3）铁桶猪场的打造：根据防非级别和区域作用功能的不同，铁桶猪场打造为四层生物安全圈，根据封闭隔断、多级洗消，避免交叉的防非原则，保证人有人道，猪有猪路，物有物流（图 10-38）。其中，深绿色区域为生产区，包括生产区

## ◆ 生猪养殖与非洲猪瘟生物安全防控技术

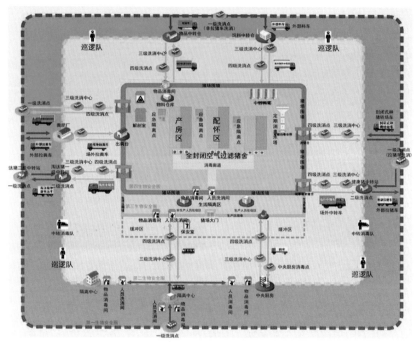

图 10-39 铁桶猪场防非结构

围墙以内的猪舍、料房和边界上的出进猪台、出粪台、人员物品消毒间等，作为猪场第四生物安全圈；浅绿色区域为生活办公区，是在生产区围墙外、猪场围墙内的宿舍、食堂、办公室、物料仓库和猪场大门口的人员、物品洗消毒等，作为猪场第三生物安全圈；黄色区域为猪场外可控区域，是在猪场围墙以外，以可控道路为界，该区域设立车辆洗消点、中转站、物料中转仓等，作为猪场第二生物安全圈；红色区域为受威胁区，在可控区域外，半径 3km 以内，该区域设立洗消中心，作为猪场第一生物安全圈（图 10-39）。

图 10-40　铁桶猪场防非路线

生物安全圈基于猪场空间形成严格清晰的隔断边界，基于边界处建立对所有危险因素进行排除的场所，对所有进入猪场的人员、物资、猪只等用科学的方法进行彻底清理，并总结形成十二路猪场防非线路（图 10-40）。

## 2. 铁桶猪场防非举措

（1）车辆消毒。通过服务中心的洗消中心、猪场一级洗消、猪场二级洗消、猪场三级洗消，对所有靠近猪场的车辆进行多级消毒。

（2）人员管控。通过隔离中心、猪场大门洗澡消毒间、生产区消毒间、猪舍换衣间和洗手脚踏消毒设施，对进入猪场和在猪场工作的人员做到有效切断。

（3）猪群保护。引入猪通过中转站、隔离点检测合格后进入猪场，猪场使用围墙或帘廊封闭式猪舍将猪群与外界进行隔断，防控老鼠、苍蝇、蚊虫、鸟、蜱等将疾病带入猪场，外出猪只通过连廊、出猪台的设计，防止回路和交叉污染（图10-41）。

（4）物品进场。通过服务中心总库、猪场大门口消毒间、猪场消毒静置仓库/间，对进入猪场物品物资等以熏蒸、臭氧、浸泡等方式进行消毒，有效切断病原微生物传入猪场。

（5）饲料进场。使用专用料车运输，同时将料仓改为靠近围墙料塔，或将原有料塔移至围墙边，料车只在围墙外通过管道卸料，避免料车直接进入猪场带来风险。

（6）帘廊设计。从猪场大门洗澡间、消毒间到生活区，生活区到生产区，生产区各栋猪舍及药房仓库等采用帘廊连接，使得人员、猪群、物品在流通时避免和外界接触，减少被污染风险。

图 10-41　铁桶猪场生活区防蚊廊与生产区隔断

### 3. 铁桶猪场防非复产流程

如何带领猪场客户实现防非复产，扬翔铁桶猪场模式形成了一套完善的操作流程（图 10-42），其内容包括：

图 10-42 铁桶猪场防非复产流程

（1）签订协议。根据养殖场选址条件、猪场设备设施、养殖户素质等条件选择合作养殖户，并与猪场客户签订合作协议。

（2）防非设计。扬翔公司派技术人员到猪场现场进行一场—策的"铁桶"防非设计、规划，与客户沟通达成设计改造共识。

（3）防非改造。根据猪场防非打造原则，对猪场外围围墙、生活区、生产区以及洗消间、出猪台、料塔等进行因地制宜改造。增设防四害的工作帘廊，将猪场生活区通往生产区的工作通道、赶猪通道等用铁纱网进行密闭，防止蚊蝇、老鼠等污染通道。

（4）改造验收。由公司专职 QA 人员现场验收、签字确认后方可进入下一个流程。

（5）清理消毒。对栏舍、生产区、生活区、仓库、消毒间等进行彻底杂物清理、污物清洗、病原消毒，严格按照公司制定的消毒程序进行清洗消毒。

（6）采样监测。扬翔公司技术人员对栏舍、生产区、生活区的环境进行采样送检；扬翔公司检测中心对样品进行检测，检测报告为阴性方为合格，并出具公司检测报告；由属地的农业农村局对合作养殖场进行风险评估，评估合格后可恢复生产。

（7）培训上岗。扬翔公司技术人员对猪场人员进行养殖技术、防非实操进行培训，猪场人员人人进行考评过关方可进入下个流程。

（8）引猪进场。对新进猪群进行 100% 的非洲猪瘟检测报告（阴性），公司指派专用运输车辆送达猪场，车辆安装 GPS，车辆装运前必须进行严格冲洗、消毒、热烘。

（9）科学生产。猪场必须严格按照公司规定的各项操作规范制度执行日常生活、生产活动，公司指派技术服务人员对养殖户进行生产指导和检查。

## 案例七：猪场生物安全体系"六部曲"

正邦集团猪场生物安全体系。

### 一、一场布局

一场布局要求

| 繁殖场类型 | 配备栋舍 |
|---|---|
| 纯 ps 场 | 隔离驯化舍、头胎线、多胎线、公猪站（可配置） |
| 猪群闭环运行的 PS 场 | GP 线（大于 4ps 根据规模配置）、隔离驯化舍、头胎线、多胎线、公猪站 |
| 纯 GP 线 | 隔离驯化舍、配怀舍、分娩舍、保育舍、育成舍、公猪站 |
| 纯 GGP 线 | 隔离驯化舍、配怀舍、分娩舍、保育舍、育成舍、公猪站 |
| 纯公猪站 | 隔离驯化舍、公猪舍、实验室 |
| 自繁育肥场 | 保育舍、育肥舍 |

### 二、二段饲养

#### 1. 所有 PS 场必须分二段式饲养

头胎线 / 头胎区、多胎线 / 经产区；头胎线后备猪使用 1 胎断奶淘汰猪驯化（实验室检测：猪瘟、伪狂犬、非洲猪瘟阴性），不得出现后备猪分散至各分场的情况，头胎线 / 头胎区不得出现 3 胎及 3 胎以上母猪。

#### 2. 自养育肥分二段饲养

保育阶段：断奶到 70 日龄；育肥阶段：70 日龄到出栏。

# ❖ 生猪养殖与非洲猪瘟生物安全防控技术

## 🈷 、三级洗消体系

### 1. 三级洗消体系定义

指从场外到场内按顺序洗消依次为：三级（预洗消毒）→二级【精洗消毒＋烘干＋中转（仔猪中转、淘汰猪中转、肥猪、中转料塔、物资中转消毒、人员隔离宿舍等）】→一级（猪场进口自动喷雾消毒通道）；淘汰母猪执行二次中转。

### 2. 三级洗消体系示意图（图10-43）

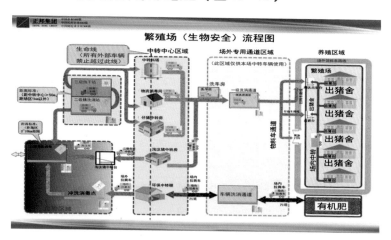

图10-43　三级洗消体系示意

## 🈹 、四流管控

### 1、四流管控定义

指对猪场生物安全构成较大威胁的猪只流转、人员流动、车辆流动、物资流动等猪流、人流、车辆、物流的生物安全管制。

## 2. 人员生物安全管理

**人员入场生物安全管理：**

目标：为繁殖场入场员工提供入场隔离标准；确保进场人员无携带 ASFV，保证猪场生物安全。

设施及监管人员配备：房间，以分公司为单位在场外集中设置隔离房间，监督人员，非防专员对隔离人员进行监督检查。消毒人员，设置专人对各房间进行消毒及熏蒸。物资：三色衣服，移动用的臭氧机、消毒用的 1:150 百胜 -30；1:150 安灭杀，量杯，检测用的棉签、生理盐水、记录本。

适用人员：休假返场人员、新入职人员、巡检人员。

**洗消操作流程：**

☆第一步：场外隔离流程。

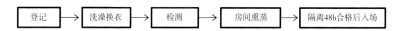

☆第二步：场内隔离流程。

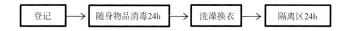

## 人员洗消具体流程：

人员入场洗消 SOP：

☆场外隔离步骤。

**1 人员登记** ➡ **2 行李检查** ➡ **3 洗澡更衣** ↩
**6 房间消毒** ⬅ **5 洗澡更衣** ⬅ **4 抽样检测**

# ❖ 生猪养殖与非洲猪瘟生物安全防控技术

☆场内隔离步骤。

1 登记 ⟹ 2 随身物品消毒 ⟹ 3 洗手 ⟹ 4 消毒水浸泡衣物 ⤵

8 隔离区隔离 ⟸ 7 更换隔离服 ⟸ 6 淋浴 ⟸ 5 雾化消毒

## 猪场内员工进入生产区生物安全管理：

① 生活区隔离期满后，方可进入生产区。

② 设置脏区 - 净区分界线。

③ 在脏区脱去鞋子，放入鞋柜上，光脚进入净区洗澡间。

④ 严格洗澡，头发、指甲缝、脚趾等重点部位要使用沐浴用品仔细清洗干净后，更换生产区衣物、鞋、帽和口罩等。

⑤ 生活区用鞋与生产区用鞋须用不同颜色进行区分，生活区用鞋只能放置于生活区一侧，洗澡过程中需换上内部拖鞋穿过洗澡通道，洗澡通道放置防滑地垫，浴巾、生产区衣物放置于生产区一侧。

⑥ 浴巾与衣物每天消毒更换。

⑦ 随身物品除必需办公用品外不得带入生产区，办公用品（相机、手机、电脑）须经过用消毒湿巾擦拭两次，放置于紫外线下消毒 10min。

脏区 - 净区分界线 ⟹ 入场物品消毒 ⟹ 脱掉鞋子光脚进入净区 ⤵

更换工作服 ⟸ 洗澡 ⟸ 脱去自己的衣物 ⟸ 鞋子存放鞋柜

## 3. 车辆生物安全管理

### 洗消目标：

☆三级预洗消：操作后无眼见粪污颗粒，初步保障车辆干净。

☆二级精洗、消毒与烘干：操作后经检测无 ASFV，保障车辆安全。

☆一级消毒：对场外→中转中心车辆的专用车辆（拉料车、物资车、拉猪车）消毒，并保障安全。

**设施、设备及物资的配备：**

☆三级洗消：高温高压冲洗机（压力 >15MPsi），泡沫专用枪，夜间照射灯。

☆二级洗消：高温高压冲洗机（压力 >15MPsi），洗消烘干车道（目前为临时烘干房），泡沫专用枪，泡沫清洗剂、夜间照射灯。

☆一级洗消：封闭的消毒通道。

☆物资：1：150 百胜 -30；1：150 安灭杀，泡沫清洗剂

**适用车辆：**

☆三级洗消：拉仔猪车、肥猪车、物资车辆。

☆二级洗消烘：拉仔猪车、肥猪车、物资车辆、饲料车。

☆一级洗消毒点：场外专用转猪车、饲料中转车、物资中转车。

**洗消操作流程：**

☆第一步：车辆三级预洗消流程

☆第二步：车辆二级洗消烘干流程

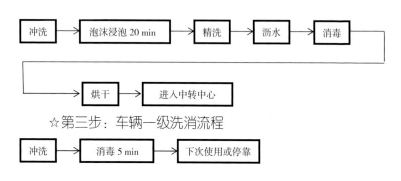

☆第三步：车辆一级洗消流程

冲洗 → 消毒 5 min → 下次使用或停靠

## 具体流程：

（一）三级洗消点车辆预洗消操作流程（图 10-44）

1- 自上而下冲洗

2- 车体内部冲洗

3- 脚踏垫清洗

4- 驾驶室臭氧熏蒸 30min

5- 车体全方位打泡沫

6- 自上而下冲洗

7- 底盘冲洗

8- 晾干消毒

图 10-44　三级洗消点车辆预洗消操作流程

## （二）二级洗消点车辆洗消烘干操作流程（图 10-45）

1- 车辆检查及单据审核

2- 自上而下冲洗

# ◆ 生猪养殖与非洲猪瘟生物安全防控技术

3-车体清洗（内部和底盘）

4-打泡沫

5-冲洗（内部和底盘）

6-沥水晾干

7-消毒

8-烘干（70℃ 20min）

9- 车体温度检测  10-ASF 检测

图 10-45 二级洗消点车辆洗消烘干操作流程

（三）临时烘干棚车辆烘干操作流程

洗消目标：将车辆烘干至 70℃作用 20min，以杀灭车辆可能携带的非瘟病毒。

（四）设施、设备及物资的配备

烘干棚：车辆烘干房准备（保温密封、地面硬化）（图10-46）。

热风机准备：6~8 台，需备用 2 台。

其他准备：电子温控探头、电子温度显示器、灭火器 4 个。

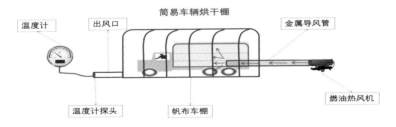

图 10-46 简易车辆烘干棚示意

车辆烘干操作流程（图 10-47）

图 10-47　车辆烘干操作流程

①检查车辆精洗消毒完成后，沥水、晾干、吹干或毛巾擦干。

②车辆驶入烘干房—司机下车—烘干房密闭—开启热风机。

③室温达到 70℃以上—开始计时至 20min—关闭热风机。

④等待 10min—开启烘干门和吹冷风机—冷却到 45℃—人员进入—采样检测—车辆驶离。

### 4. 物资生物安全管理

洗消目标：开包、消毒：入场物资经过拆分包装、消毒后，经检测无 ASF，确保物资的安全入场。

设施及物资的配备：二级中转中心物资消毒房：1:150 百胜 -30、1:150 安灭杀、塑料框、镂空货架、晾衣架、臭氧机、紫外线灯。

一级猪场门卫物资消毒房：1:150 百胜 -30、1:150 安灭杀、塑料框、镂空货架、晾衣架、臭氧机、紫外线灯。

　　适用物资：人员行李、兽药、饲料、低值、快递。

　　洗消操作流程：二级中转中心物资消毒流程。

　　人员行李

| 开箱 | → | 臭氧熏蒸 24 h | → | 专用车辆带入一级消毒房 |

　　兽药、低值、快递

| 除去外包装 | → | 臭氧熏蒸 24 h | → | 更换包装 | → | 专用车辆带入一级消毒房 |

一级猪场门卫物资消毒流程

　　人员行李

　　兽药、低值、快递

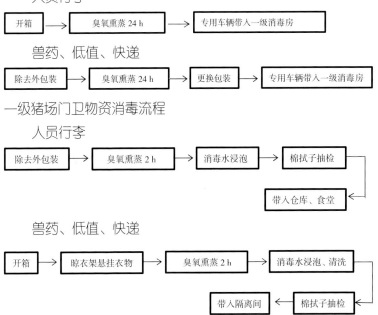

**具体流程:**

药品消毒流程（图 10-48）

图 10-48 药品拆包药品熏蒸

个人物品消毒流程（图 10-49 至图 10-51）

 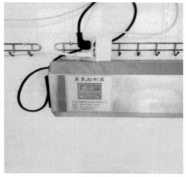

图 10-49 行李拆包臭氧熏蒸

图 10-50　衣物浸泡衣物棉拭子取样

图 10-51　小件物品紫外线消毒酒精擦拭消毒

## 5. 猪只转移流程

**目标：**保证繁殖场投苗安全；规范仔猪投苗过程的操作要点及注意事项。

**设备及物资的配备：**

**物资：**1:150 百胜 -30；1:150 安灭杀；量杯；消毒机。

中转台、场外专用中转车辆。

**监督人员：** 非防专员监督转猪过程是否存在交叉，是否有回头猪（图 10-52）。

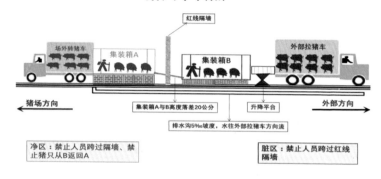

图 10-52　临时中转示意

**适用范围：** 繁殖场投苗；淘汰母猪、转肥和二级苗销售。

**猪只转移操作流程：**

（一）仔猪销售中转流程

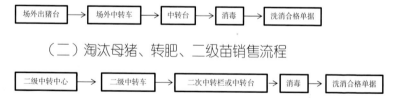

（二）淘汰母猪、转肥、二级苗销售流程

**具体流程：**

（一）猪只转移流程细则

| 序号 | 场所 | 位置 | 操作规范 |
|---|---|---|---|
| 1 | 场内出猪台 | 场区外围 | 1. 场内员工将猪通过场内中转车或赶猪通道转移至猪场出猪台，猪只转移完成后将场内中转车或赶猪道进行清洗消毒。<br>2. 出猪台内部安排专人负责将猪赶上场外中转车，猪只不得返回，人员不得与中转车接触，赶猪人员在赶猪完成1h内将出猪台清洗干净，并消毒，人员洗澡隔离。<br>3. 场外中转车经二级洗消烘干后通过猪场专用道路驶入猪场出猪台外，等待装猪。中转车人员、车辆不得越过出猪台。<br>4. 场外中转车装猪完成后，途径猪场专用道路将猪送至中转中心中转台，猪只卸完后场外中转车在二级洗消点进行洗消烘干消毒，然后停放于出猪台外备用。 |
| 2 | 中转点 | 中转中心 | （一）猪苗中转<br>1. 外部拉苗车经过三级－二级洗消烘后在中转中心中转台外部方向脏区停放，不得越过红墙。<br>2. 猪苗由专人场外中转车赶至中转台（集装箱A）内，再将猪从中转台（集装箱A）赶至中转台（集装箱B），猪只不得由集装箱B返回集装箱A；由另一人将猪苗从集装箱B赶至外部拉苗车。<br>3. 中转车与外部拉苗车人员、车辆、道路等不得交叉接触。<br>4. 猪只转移完成后1h内将中转台清洗安灭杀1:150消毒。<br>（二）淘汰猪中转<br>1. 淘汰猪二次中转车（可以与猪苗中转车共用）经过三级到二级洗消烘后在中转中心中转台外部方向的脏区停放备用，不得越过红墙。<br>2. 由专人将淘汰猪从场外中转车赶至中转台（集装箱A）内，再将猪从中转台（集装箱A）赶至中转台（集装箱B），猪只不得由集装箱B返回集装箱A；由另一人将淘汰猪从集装箱B赶至淘汰猪二次中转车。<br>3. 猪只转移完成后1h内将中转台清洗消毒。 |

（续表）

| 序号 | 场所 | 位置 | 操作规范 |
|------|------|------|----------|
| 3 | 淘汰猪二次中转栏 | 三级洗消中心外 | 要求：<br>1. 淘汰猪客户拉猪车经过社会洗消点，清洗干净后，在我们销售人员消毒后，在二次中转台外部方向脏区停放，不得越过红墙。<br>2. 由内部专人将淘汰猪从淘汰猪二次中转车赶入中转台（集装箱A）内。待专用转猪车离开中转点后，再由净区赶猪专人将猪从中转台（集装箱A）赶至中转台（集装箱B），猪只不得由集装箱B返回集装箱A；由脏区赶猪专员将淘汰猪从集装箱B赶至淘汰猪客户拉猪车。<br>3. 猪只转移完成后1h内将中转台（或租赁猪舍）的猪粪清理后使用泡沫清洗剂喷洒浸润30min，清洗后使用安灭杀1:150进行消毒；第二天干燥后用2%氢氧化钠或1:150安灭杀无死角消毒。<br>4. 租赁农户猪舍作为中转点时，对于周边疫情严重的区域，做好租赁猪栏的疫情调查，避免风险；圈舍禁止饲养猪只。 |

## （二）猪只临时中转关键点（图 10-53）

客户车辆停靠（司机不下车）中转车停靠（司机不下车）

赶猪（赶猪人员不跨过围墙）赶猪人员不与车辆接触

图 10-53 猪只临时中转示意

## 五、五区划分

按照各区人员、车辆及物资不得交叉的总体原则，将猪场内部划分为五区，具体区域如下。

**隔离区：**限巡检、休假返场人员进行隔离，其他场内人员不得进入。由场长协调安排隔离人员对隔离区域进行消毒。隔离时间两晚一昼，不隔离进场者，直接开除。

**办公区：**仅限财务人员、生产区开会人员办公场所，其他人员未经允许不得随意进出，由财务人员每天进行一次用 1：150 戊二醛拖地消毒。

**生活区：**生产人员生活场所，其他人员不随意进入；生活区每周进行一次大扫除，每周进行一次雾化消毒，各房间需一周进行 2 次消毒。生活区配备专用垃圾箱，垃圾不得随意堆放。

**生产区：**各分场人员、物资、车辆不得交叉使用。一周 2

次道路白化，每月进行 6S 管理评比：一次大清除、大消毒；灭蚊蝇、老鼠：每月进行一次灭四害。

**无害化处理及环保区：**

（1）设置独立的办公区，猪场生产人员未经场长同意不许进入环保站。环保站正常情况下保持大门关闭状态，设立禁火标志。每周进行一次卫生清洁消毒；每周进行一次固液分离机和积粪棚消毒；每周对积粪棚和环保站四周进行一次灭三害。

（2）无害化处理。所有繁殖场无害化处理需要场内处理，不得出场。

## 六、六色线路管理

六色线路管理：规划繁殖场内所有人、猪、物、车的通道，不得交叉污染，且场内人员、车辆通道消毒 1 次 / 周，污道、售猪道路消毒 2~3 次 / 周。

（1）**黄线**是场外饲料车路线。

（2）**红线**是所有围墙或隔栏。

（3）**绿线**是场内工作通道。

（4）**白色**是场内饲料车（没有的不用画）路线。

（5）**黑色**是污道。

（6）**紫色**是出猪道路。

## 案例八：生猪一体化经营保障猪肉安全

正大集团于 1995 年投资湖北襄阳，现在已经建成从农场到餐桌安全可追溯的生猪全产业链项目。2018 年实现生猪供应 64 万头，总产值 51 亿元，税收贡献 5000 万元。全产业链开发、全智能化生产、全过程可追溯、全资源可循环是该项目的显著特点（图 10-54）。

图 10-54 全产业链布局

**首先，全产业链开发。** 形成种猪繁育、配套育肥、种养结合、饲料生产、屠宰与食品深加工、物流配送、零售的全产业链，真正做到"从农场到餐桌"安全可追溯。

**其次，全智能化生产。** 全产业链各环节建设都做到了世界先进水平。饲料供应环节，36 万 t 饲料厂的配料系统采用美国 WEM4000 全屏控制系统，实现全程操作可视化，月人均产能可达 500t，按照集团科学的配方和标准化作业流程，为产业链猪源提供安全、优质的饲料。

# ◆ 生猪养殖与非洲猪瘟生物安全防控技术

养殖环节，养猪场全部按照农业养殖 4.0 标准建设（图 10-55），运用"互联网+"、大数据、云计算等新技术推动发展，全面实现管理智能化，设备自动化，生产系统化，环保标准化。其中种猪供应方面，2017 年整体引进丹麦 DFC 优良种猪项目，包括丹系种源引进、全套工艺设计、设备、生产管理与培训，建设内容包括一个 6000 头种猪场与 2 个 2.8 万头配套育种场，达到年出栏 18 万头猪的"一拖二"种肥配套模式，每头母猪每年提供出栏肥猪数量从原来的 24 头可以提高到 38 头。

图 10-55　养猪场园区

食品加工环节，屠宰和深加工相结合。智能化屠宰场搭配智能化蒸饺厂和卤肉生产线。年单班屠宰能力可达 100 万头，蒸饺生产量可达 100 万只/d。卤制品将达到 1.2 万 t/年。此外，投入 1800 万元打造全产业链的信息化、智能化和数字化管理。在饲料、养殖、屠宰、食品加工、物流及零售各环节，利用当今领先的信息技术，如物联网、云计算，大数据分析，人工智能等方式实现数据自动采集、分析与优化，以及设备与软件间的集成与协同，打造数字化、智能化工厂。

**然后，全过程可追溯。** 一是建立全过程监管体系。产业链全环节从法规、生产、环保、信息、生物、食品安全进行全过程监管，保障产业链经营可持续发展。产业链猪源符合集团"五统一"备案要求，即：统一猪苗来源；统一全程饲料来源；技术服务统一管理；药品疫苗统一购买、发放及使用；肥猪由统一回收。通过并按照 ISO 9001、ISO 22000、HACCP 和 ISO 14001 国际质量标准体系进行管理，设置食品安全管理部门，从饲料加工、养殖生产、食品加工进行全程质量控制与把关，保障各环节产品 100% 符合法规要求，保障产品出厂 100% 合格。

二是建有饲料品质检控中心（图 10-56）、动保中心、食品检测中心，对饲料原料和成品进行营养指标、毒素、重金属等进行检测，对养殖猪只健康、疾病、环境进行监测，对食品药残、农残、重金属、理化等进行检测。

图 10-56　检控中心

三是建成可追溯信息平台（图 10-57）。采用正大集团自主定制开发的 E-Work 生产管理与质量检测控制系统，利用物联网及现代信息技术手段（RFID、二维码应用等）实现自动

## ◆ 生猪养殖与非洲猪瘟生物安全防控技术

实时采集生产和可追溯数据，生成全过程可追溯信息。2017年襄阳市政府将正大纳入襄阳市肉菜流通追溯体系，政府投入140多万元在襄阳食品厂部署完成生猪屠宰及销售追溯系统，并在襄阳市各大流通市场投入终端系统，顾客可通过扫描产品二维码实时查询屠宰生产、质量检验结果以及上游养殖农场信息等。下一步还将进一步完善生猪追溯体系建设，利用集团统一平台搭建饲料、养殖、屠宰分割、食品加工、物流分销全过程追溯系统，打造放心肉产业链。

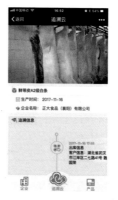

图 10-57　可追溯信息平台

**最后，全资源可循环。**产业链注重环保产业、循环农业、有机种植等项目发展。遵循"减量化、无害化、资源化"原则，以"生态改善、有机农业"为目标，综合采用"种养结合""沼气工程站""异位发酵床""达标排放"等多种模式利用和消化粪污。

在非洲猪瘟防控的特殊时期，认真落实国家"精心组织、周密安排、科学监管、严防死守，坚决打赢非洲猪瘟防控攻坚战"的方针政策，产业链做到"四个三"。

产业链全部采用专用运输车辆，GPS 定位全程监控；投资 3000 万元在产业链各环节新建洗消中心 32 个，严密设置三级洗消防范网，对车辆和人员进行全面的监管洗消。

检测前移、严于法规、全部覆盖。按照《农业农村部公告第 119 号》规定，配备荧光 PCR 检测仪及检测试剂盒，对每头猪只进行非洲猪瘟检测，确保每块产品质量安全。养猪场送宰前 3 天，检测非洲猪瘟，检测合格后方可送宰；售猪装车前，猪只健康状况再检查，合格后方可装车。食品厂 100% 取血检测合格后才能销售，同时，对环境、蔬菜辅料、熟调产品等进行非洲猪瘟检测，防止交叉污染。

配合当地政府对养猪场、食品厂周边 3km 建立隔离带。通过四全打造，最终实现三利：一是农民得利，产业链可以带动农户 1 万多户，一年增加农民收入 1.5 亿元。粪肥利用每年可为种植户减少化肥用量 5400t，节约费用 1500 万元，改良土壤 10 万亩，订单回购增加农民种粮积极性，提高农产品附加值。二是社会得利，支持了国家关于农村农业的相关精神，支持了食品安全事业，开拓了潜力巨大的三农市场，并上缴国家税费。三是企业得利，形成了完整的全产业链，起到了示范作用，获得稳定安全猪源，满足产业链要求。

# 第十一章
## 国外非洲猪瘟防控的经验与教训

    根据世界动物卫生组织（OIE）官网统计，截至2019年10月底，国际上共有27个国家发生或已经发生非洲猪瘟疫情，新发生疫情13 826起，与2018全年相比，通报国家数增加了9个，疫情暴发次数增加近两倍，扑杀病例数增加8倍以上。进入2019年以来，非洲猪瘟在全球范围内迅速蔓延，疫情覆盖地域分布扩大，疫情从非洲、欧洲扩散至亚洲；在东欧疫情持续加重的同时，东亚和东南亚地区几乎全部沦陷。其中，匈牙利发生疫情1374起，罗马尼亚3125起，越南6083起。越南、韩国、朝鲜、老挝、菲律宾、斯洛伐克等国的疫情大多是首次发生。但有些国家可能由于各种原因未向OIE报告或未及时报告非洲猪瘟疫情暴发的情况，因此上述数据被大大低估。报告称，在非洲猪瘟肆虐全球的过程中，固然很多国家的养殖业损失惨重甚至一蹶不振，但也有不少国家扛过了疫情侵袭，恢复了正常生产。也有很多国家虽未发生非洲猪瘟，但已经高度警惕，制订了详细应急预案，并进行了多次预演。

关于非洲猪瘟疾病的控制，根据欧洲的防控经验，有两种模式可以选择。一种是按照地理区域进行划分的模式；另一种则称作生物安全隔离区模式。OIE 更为推荐采用生物安全隔离区这种方法来进行非洲猪瘟的控制，尤其是在控制可通过野生动物传播的疾病时。

## （一）、欧盟关于非洲猪瘟防控相关的政策法规

自 2002 年以来，欧盟针对非洲猪瘟防控相关的政策法规、技术规范以及应急管理等方面制定了系列条例。2002 年 6 月欧盟委员会颁布 2002/60/EC 防治非洲猪瘟的具体条文措施。在此框架下，第 2003/422/EC 号决议制定了非洲猪瘟诊断手册，第 2005/363/EC 号决议制定了关于在意大利撒丁岛针对非洲猪瘟的动物卫生保护措施，第 2011/78/UE 号决议制定了阻断非洲猪瘟传播的措施。欧盟在发生重大疫病时需要成员国：协调在主要疫病的监测、发布和控制方法方面立法；协调进口条件和程序；协调动物识别和可追溯性规则和方法；建立动物调运通知和认证的公共追溯网络；建立区域和国家实验室网络。其中动物疫病通知系统（ADNS）由食物链和动物健康常设委员会（SCOFCAH）负责。成员国必须确保对疫情做出迅速反应。欧盟委员会通过成员国的首席兽医官网络、ADNS 和SCOFCAH 可在数小时内采取具体的社区措施。欧盟不仅要求

# ❖ 生猪养殖与非洲猪瘟生物安全防控技术

对已经在社区级受到管制的疫病做出迅速反应，而且要求对那些没有具体立法的新发疫病做出迅速反应。另外，欧盟要求成员国建立社区兽医应急小组，并可做出迅速反应。欧盟在非洲猪瘟防控领域的主要经验是：加强养殖场生物安全、禁止泔水猪、育肥猪监测和注册、调运控制、加强监督、政策性扑杀、区域划分、消毒等。

根据欧盟 2014/17/EC 决议，暴发非洲猪瘟，可划定保护区（疫病暴发地点外 3km）和缓冲区（10km）。在保护区和缓冲区禁止活猪出猪舍，所有养殖户必须向社区兽医办公室报告，对所有猪舍进行检测。如果铁路或者公路从观察区外部调入屠宰用生猪没有装卸或者停留，可以允许运输生猪。在完成扑杀并消毒 40d 或 30d 后，在社区兽医办公室批准后，保护区和观察区可以调出生猪。完成消毒 40d 后，没有新疫情发生且猪只采样（血液）检测为非洲猪瘟阴性，在社区兽医办公室批准后，可以重新调入生猪。

## ㊁、美国《保障猪肉供应（SPS）计划》与疫情发生时生猪跨州调运

在美国，如果家畜中发现口蹄疫（FMD）、典型猪瘟（CSF）或非洲猪瘟（ASF），动物和动物产品的流动将受到限制，但这些疫病不是公共卫生或食品安全问题，肉类仍然可以安全食用。美国还专门建立了《保障猪肉供应（SPS）计划》，根据兽医监管官员签发的许可证，将动物转移至屠宰加工场或其他猪肉

生产场所，保障在疫病暴发期间，养猪生产运行的连续性和稳定性。在疫病暴发但尚未鉴定前，州兽医部门可以禁止所有动物的调运，这一阶段可持续几天；一旦确诊，建立经州兽医办公室许可的许可证制度，允许经过许可的生猪调运。

在疫情发生时，美国农业部可能实施联邦隔离，并限制来自受感染州的跨州贸易，要求州（或毗邻国家）来维持和实施隔离。所有关于隔离和行动控制的决定都将基于对病原、传播途径和风险的科学评估，以及现有媒介和天气等其他因素的相互作用。指定隔离的区域和场所需要实施检疫和调运控制措施。

在生猪调运方面包括检疫和调运控制两部分。首先经过检疫阻止受感染动物、受污染动物产品在受感染、接触和可疑场所移动。调运控制是在一定的区域内，对人、动物、动物产品、车辆、设备的移动进行规范的活动。调运控制通过行政许可系统实施，通过该系统确保不允许具有疾病传播风险的个体（群体）进行不必要的移动。在查明病例后 12h 内建立感染区（至少 3km 范围）和缓冲区（至少 7km 范围），此外，还有管控区外的监控区（至少 10km 范围）。前两者作为管制区，建立管制区后实施检疫和调运管制，实施许可证制度。

许可系统允许没有疫病风险的生猪进行调运，但需要提交兽医检疫相关资料（兽医检验证明、测试日期或证明书编号）、出售人信息（来源）、收货人信息（去向）和动物信息（编号、类型）。例如，佛罗里达州调入的仔猪必须事先得到许可，由兽医检验，并须持有正式的兽医检验证明书，证明该动物没有传染病才可调运。若 6 个月大或更大的猪进行调运，必须在进

# ❖ 生猪养殖与非洲猪瘟生物安全防控技术

入该州的前 30d 内检测呈阴性，或来自经过认证的无疫病州，或直接来自经过认证的无疫情猪场。屠宰猪调运必须直接运送到经过认证的屠宰场所，并附有许可证号码以及提供以下资料：调运人的姓名和实际地址，收货人的姓名及地址，产地来源，目的地，动物的数量以及其他鉴定材料。

调运限制（或许可）主要包括以下几种情况：一是管控区内屠宰猪运输，符合美国农业部食品安全和监管局要求的屠宰用猪以及点对点运输，都可以获得调运许可证。二是感染区调出，除非直接运往设于缓冲监控区内获得认证的屠宰设施屠宰或符合许可证所述的标准，否则不得离开疫区。三是感染区域内的调运，除由国家兽医部门决定外，不允许易感动物物种或产品在感染区域移动。四是缓冲区内的调运，如已知没有感染或接触该病原体，无其他传染病迹象，可在许可下移至缓冲监测区内。五是生猪离开缓冲监测区，在风险评估认为适宜的情况下，可以离开控制区域。调运需要获得州兽医部门的许可，需要对这些动物进行消毒。为保障未受影响的动物和动物食品运输，建立生物安全运输走廊，没有疫病的猪将沿着生物安全走廊调运。

在获得调运许可证之前，养殖企业需根据要求准备并提供下列资料：增强型生物安全检查表和特定地点生物安全计划的完整副本；完成并获批的安全猪肉供应计划审计（事前）；实验室样品检测结果；一份完整的紧急动物调运许可证副本和提交的支持文件，如动物健康状况产地证明（兽医签署的证明书）。至少 4 周的养殖场人员、动物和设备的移动记录；实施生物安全实践的其他支持文件（培训、日志等）。

　　疫情下生猪仍然可以调运主要依赖于美国强大的基层兽医服务系统、兽医服务系统对紧急防疫计划的垂直快速反应以及实验室检测能力。美国与兽医服务有关的系统主要由美国农业部动植物卫生检验局（APHIS）、食品安全和监察服务局（FSIS）、食品和美国卫生和公共服务部食品和药物管理局（FDA）等联邦机构以及州兽医部门组成。联邦政府约有 3000 名兽医，250 名兽医为州政府工作，而从事基层兽医工作的人员约 70 000 名。

### 三、国外成功清除非洲猪瘟的案例：法国、西班牙和巴西

#### 1. 法国

　　法国作为欧盟的养猪大国，养殖量约 2300 万头，居欧盟第三位，但分布非常集中，主要分布在法国西北部的布列塔尼地区，10% 的土地养殖了法国近 70% 的生猪。作为生猪产业的顶端，种猪养殖场在法国也是高度集中，全法国育种公司只有 4 家。在养殖环节，主要存在两种经营模式：一是由核心企业牵头，布局掌控由育种、扩繁、饲养、饲料、屠宰、食品等全产业链；二是由众多农场主作为联合经营主体，以合同的方式进行产业链内各环节的合作。

　　法国曾分别在 1964 年、1967 年和 1977 年 3 次暴发非洲猪瘟，均成功扑灭疫情。在近年来新一轮非洲猪瘟流行过程中，法国至今尚未有疫情发生。法国的成功在于整个生猪产业和防

# ❖ 生猪养殖与非洲猪瘟生物安全防控技术

控体系的成熟，为生猪养殖创造了完善的生物安全环境和有效的疫病防控体系。

以 1977 年为例，法国发生非洲猪瘟疫情后，1977 年、1978 年法国的生猪存栏量同比分别仅下降 2.5%、0.8%。法国生猪养殖的区域集中在布列塔尼大区，年出栏量占比超过 50%。该地区位于法国的西部，三面临海，陆路传播途径相对较少。同时，比利牛斯山脉形成法国和西班牙之间的天然屏障，一定程度上阻隔野猪疫病的传播途径。养殖场建标准较高，在疫病防控、现代化等方面处于全球领先水平。法国屠宰业布局区域化明显，布列塔尼大区亦是主要的屠宰区域，该地区有年屠宰量 100 万头以上的屠宰场 9 个，屠宰量占全国的 50% 以上，产业链配套完整，有效减少长距离的生猪调运。法国的生猪养殖主体是家庭式专业农场，生产规模多集中在存栏规模 150~1000 头母猪，其中近 70% 为自繁自养模式。适度规模化的主要优势在于可有效应对环保压力和疫病防控等，欧洲生猪养殖的环保压力大，适度规模可以科学地计算牲畜和土地的配比，精确地确定载畜量，且粪污处理也相对容易；相对容易做到全进全出，实施精细化管理，符合生产工艺的合理性要求；更有利于疫病防控。其中，合作社是最主要的养殖企业组织形式。法国生猪养殖规模化过程中，农业合作社起到决定性的作用，目前法国 90% 的猪肉由合作社生产。农业合作社是由农民创建并由他们管理的公司，经营范围从生产、收集、屠宰、初加工到销售。伴随养殖的规模化进程，法国生猪生产效率持续提升。自 1970 年以来，法国母猪平均 PSY 水平从 16.4 头上升到 2015 年的 29.4 头；母猪平均产仔间隔天数从 184d 下降至约 146d。合作模式的优势在于易汇集资金和投资、风险分担、增强农民经济实力和独立性。

由于猪场的自动化程度较高，人均管理母猪数量超过 100 头。在加工和消费环节，法国猪肉产品基本以冷鲜肉和冷冻肉的形式运输，在消费层面，加工品消费约占 80%，直接食用消费仅占 20%。由此可见，产业高度集约化的布局和自动化生产能够最大限度减少生猪与外界的接触，特别有利于各种预防疫病措施的实施。法国猪肉消费以加工品消费为主，长途调运活猪的情况较少发生，避免了高密度的猪群移动，也从根源上减少了病毒侵染的风险。

## 2. 西班牙

西班牙，在 1960 年发生非洲猪瘟疫情后，很长一段时间（1960—1984 年）一直采取的是加强卫生管理和消灭阳性猪群的方式进行防控，但未能根除该病。

### （1）未能清除的主要因素

① 非洲猪瘟在流行初期，猪群多表现为急性症状，临床症状与剖解病变较为典型，发病率和死亡率较高，而在流行一段时间之后，非洲猪瘟流行病学特征、临床症状、剖解病变发生较大变化，"非典型非洲猪瘟"开始增多，猪群中出现病毒携带猪但死亡率不高的情况（5%），单纯依靠症状、病变难以做出有效诊断，导致许多带毒猪只大量存在。

② 官方对生猪的移动控制不严格，缺乏协调管理生猪移

动的统一机构。

③ 猪场的生物安全措施不够。

（2）**策略改变。**在 1985 年西班牙开始调整策略，西班牙重新制订了非洲猪瘟根除计划，在非洲猪瘟根除过程中，通过立法将全国分为两个区域，分别是非洲猪瘟无疫血清监测区和非洲猪瘟感染区。感染区内活动物和猪肉不得进入无疫区。后续再将感染区细分为已经至少 1 年无临床病例但还有少量血清阳性样品的地区以及感染区，进一步实施根除计划，最终根除了非洲猪瘟。

（3）**成功清除的关键点**

① 建立了流动兽医临床团队网络。由专职人士组成的兽医专业化团队负责农场圈舍的卫生监督、动物识别、流行病学调查，血清样品的采集，屠宰场血清学监测并督促以及鼓励养猪从业者创建卫生协会。

② 对所有猪场实行血清学监测，并为此建立简单快速特异性的 ELISA 检测方法和设立国家农业研究院为参考实验室用于协调地方和省级实验室并给予技术支持，保证试验的准确和可信度。

③ 对所有非洲猪瘟病毒携带者和感染猪只一律扑杀，并予以足额补偿，同时对周边猪群进行严格的病毒学、血清学和流行病学调查。

④ 提高猪场卫生和生物安全水平，减少病毒扩散。

⑤ 对猪群的移动严格控制，交通工具也必须进行严格的清洗和消毒，运输动物必须获得官方兽医证明，并标注出发地

和卫生状况,在运输动物的整个过程中(包括:目的地、屠宰场、育种场),废止计划的管理者都有管理控制动物的权利。屠宰场必须在屠宰之后仍然保持卫生证书至少1年,对于猪肉生产企业,制造商需保留自动物抵达到最终成品成型的整个过程所需的证明材料。

所有这些策略得到了生猪产业从业者的支持,因此在1995年成功实现根除非洲猪瘟。

## 3. 巴西

巴西于1978年4月30日发生首例非洲猪瘟疫情,防控主要分为两个阶段:即紧急措施应对阶段(1978—1980年)和非洲猪瘟根除阶段(1980—1987年)。防控非洲猪瘟最成功的巴西,花了7年才将非洲猪瘟根除。

第一阶段,在首发病例实验室确诊后的第15d,巴西政府即通过总统令启动非洲猪瘟紧急状态,对应非洲猪瘟的防控提出了严格要求,包括禁止感染区和风险区内的猪只调运、感染区内的猪只扑杀以及对污染物品彻底清洗和消毒等,该过程中共扑杀生猪约70万头。在此阶段,巴西政府在疫情方面的财政投入达1300万美元。

第二阶段,通过非洲猪瘟紧急措施实现了对疫情的有效防控后,巴西政府于1980年11月25日,进一步提出了非洲猪瘟根除计划。根据国内养殖分布特点,动物及动物产品流动方向,猪肉出口企业密集程度和散播该病的风险程度,又分地域,分区域进行先后根除。由于该根除计划设计科学且执行坚决,巴西境内暴发的所有疫情都被扑灭。1984 年 12 月 5 日，巴西重新获得 OIE 无疫认证。

巴西非洲猪瘟根除计划中的生猪调运管理：根据国内养殖分布特点、动物及其产品流向等，划分区域，分区域进行根除。用于屠宰或者其他目的的活猪（仔猪和种猪等），只有获得动物检疫许可后才可在各州运输，只有无疫情的农场或地区才有机会获得建议许可。并且跨区域育肥用生猪运输在出发地和目的地隔离饲养进行血清学检测合格后才能入栏。此外，还加强了猪场和屠宰厂抽样检测以及疫情监测、通报，专门指派兽医负责疫情检查。

巴西能够快速防控和非洲猪瘟的原因主要有以下三点：一是政府反应迅速且积极引导。二是充裕的财政投入。非洲猪瘟发生以来政府累计支出超过 2300 万美元。充足的财政支持使得巴西专业的技术人员得到非洲猪瘟疫情防控的有效培训；同时对养殖户被屠宰的生猪给予补偿也使得农场主愿意主动上报疫情。三是充分的疫情宣传和顺畅的信息交流。

## ㈣、俄罗斯非洲猪瘟防控的教训

在对抗非洲猪瘟过程中，俄罗斯自 2007 年发生疫情后，一直到今天，依然呈现活跃的疫情。自暴发到 2011 年之间，其非洲猪瘟主要在南部高加索地区流行，2011 年突然传播到了西部地区。2017 年疫情发展到了西伯利亚的伊尔库茨克地区，距离我国边境不超过 1000km。到 2017 年年底，俄罗斯发生疫情超过 1000 余起，横扫了 46 个州，超过 80 万头生猪死亡或被扑杀，共造成直接经济损失接近 8300 万美元，间接经济损失 8.33 亿~12.5 亿美元。其难以控制的主要原因至少有如下几点：地广人稀，饲养区域大，能够容易找到新的饲养地，在疫情发生阶段，集团化养殖企业规模扩大，生猪产量仍有上升，导致重视程度不足；野猪数量多，且与家猪之间的物理隔离不确切，在非洲猪瘟的传播过程中发挥重要作用；猪肉制品的非法运输，尤其是疫区的猪肉制品；使用未加处理的餐厨剩余物喂猪；低生物安全水平的猪场大量存在，为该病提供传播的温床；疫情发生后，试图隐瞒私自处理，导致疫情快速蔓延；大量非洲猪瘟病死猪只未经焚化处理，私自掩埋或丢弃。由于上述原因，导致病毒被大量扩散。

　　非洲猪瘟肆虐的背景下，俄罗斯生猪养殖行业受益规模化程度提升，生猪供给基本未受影响。2007—2017 年，俄罗斯生猪散养户的猪肉产量下降了近 50%。2007 年俄罗斯暴发非洲猪瘟之后，大企业得益于良好的生物安全防控体系以及完整的产业链布局迅速扩大产能。2018 年俄罗斯大型生猪养殖企业存栏量占比已经达到 84.5%。虽然大企业也不能完全隔绝非洲猪瘟，但是俄罗斯的大型生猪养殖企业反而在疫情暴发期间完成了产能的大幅扩张。

　　非洲猪瘟疫情发生后，俄罗斯政府一方面对发生非洲猪瘟邻近地区家猪群实施扑杀政策并销毁尸体。俄自然资源和环境保护部出台计划，对 ASF 疫区半径 100km 范围内的野猪进行全面猎杀。俄当局会补偿肉猪养殖户因扑杀造成的经济损失，同时鼓励农户积极上报疫情。另一方面为降低非洲猪瘟的传播风险，俄罗斯政府出台了一系列针对散养户和小规模养殖场的防控政策。例如，莫斯科州兽医局建议扑杀所有后院猪群以防止 ASF 蔓延到莫斯科地区；普通农户既不能让母猪在家分娩，也不能自行屠宰。

# 附录 1

# 农业农村部关于印发《非洲猪瘟疫情应急实施方案（2020 年版）》的通知

各省、自治区、直辖市及计划单列市农业农村（农牧、畜牧兽医）厅（局、委），新疆生产建设兵团农业农村局，部属有关事业单位：

为进一步做好非洲猪瘟疫情防控工作，指导各地科学规范处置疫情，我部在总结防控实践经验的基础上，组织制定了《非洲猪瘟疫情应急实施方案（2020 年版）》，现印发你们，请遵照执行。《非洲猪瘟疫情应急实施方案（2019 年版）》同时废止。

农业农村部

2020 年 2 月 29 日

## 非洲猪瘟疫情应急实施方案（2020 年版）

为有效预防、控制和扑灭非洲猪瘟疫情，切实维护养猪业稳定健康发展，保障猪肉产品供给，根据《中华人民共和国动物防疫法》《中华人民共和国进出境动植物检疫法》《重大动物疫情应急条例》《国家突发重大动物疫情应急预案》等有关规定，制订本实施方案。

### 一、疫情报告与确认

任何单位和个人，一旦发现生猪、野猪异常死亡等情况，应立即向当地畜牧兽医主管部门、动物卫生监督机构或动物疫病预防控制机构报告。

县级以上动物疫病预防控制机构接到报告后，根据非洲猪瘟诊断规范（附件1）判断，符合可疑病例标准的，应判定为可疑疫情，并及时采样组织开展检测。检测结果为阳性的，应判定为疑似疫情；省级动物疫病预防控制机构实验室检测为阳性的，应判定为确诊疫情。相关单位在开展疫情报告、调查以及样品采集、送检、检测等工作时，要及时做好记录备查。

省级动物疫病预防控制机构确诊后，应将疫情信息按快报要求报中国动物疫病预防控制中心，将病料样品和流行病学调查等背景信息送中国动物卫生与流行病学中心备份。中国动物疫病预防控制中心按程序将有关信息报农业农村部。

在生猪运输过程中发现的非洲猪瘟疫情，对没有合法或有效检疫证明等违法违规运输的，按照《中华人民共和国动物防疫法》有关规定处理；对有合法检疫证明且在有效期之内的，疫情处置、扑杀补助费用分别由疫情发生地、输出地所在地方按规定承担。疫情由发生地负责报告、处置，计入输出地。

各地海关、交通、林业和草原等部门发现可疑病例的，要及时通报所在地省级畜牧兽医主管部门。所在地省级畜牧兽医主管部门按照有关规定及时组织开展流行病学调查、样品采集、检测、诊断、信息上报等工作，按职责分工，与海关、交通、林业和草原部门共同做好疫情处置工作。

农业农村部根据确诊结果和流行病学调查信息，认定并公布疫情。必要时，可授权相关省级畜牧兽医主管部门认定并公布疫情。

## 二、疫情响应

### （一）疫情响应分级

根据疫情流行特点、危害程度和涉及范围，将非洲猪瘟疫情响应分为四级：特别重大（Ⅰ级）、重大（Ⅱ级）、较大（Ⅲ级）和一般（Ⅳ级）。

**1. 特别重大（Ⅰ级）**

全国新发疫情持续增加、快速扩散，21天内多数省份发生疫情，对生猪产业发展和经济社会运行构成严重威胁。

**2. 重大（Ⅱ级）**

21天内，5个以上省份发生疫情，疫区集中连片，且疫情有进一步扩散趋势。

**3. 较大（Ⅲ级）**

21天内，2个以上、5个以下省份发生疫情。

**4. 一般（Ⅳ级）**

21天内，1个省份发生疫情。

必要时，农业农村部可根据防控实际对突发非洲猪瘟疫情具体级别进行认定。

### （二）疫情预警

发生特别重大（Ⅰ级）、重大（Ⅱ级）、较大（Ⅲ级）疫情时，由农业农村部向社会发布疫情预警。发生一般（Ⅳ级）疫情时，农业农村部可授权相关省级畜牧兽医主管部门发布疫情预警。

### （三）分级响应

发生非洲猪瘟疫情时，各地、各有关部门按照属地管理、分级响应的原则作出应急响应。

### 1. 特别重大（Ⅰ级）疫情响应

农业农村部根据疫情形势和风险评估结果，报请国务院启动Ⅰ级应急响应，启动国家应急指挥机构；或经国务院授权，由农业农村部启动Ⅰ级应急响应，并牵头启动多部门组成的应急指挥机构。

全国所有省份的省、市、县级人民政府立即启动应急指挥机构，实施防控工作日报告制度，组织开展紧急流行病学调查和应急监测等工作。对发现的疫情及时采取应急处置措施。各有关部门按照职责分工共同做好疫情防控工作。

### 2. 重大（Ⅱ级）疫情响应

农业农村部，以及发生疫情省份及相邻省份的省、市、县级人民政府立即启动Ⅱ级应急响应，并启动应急指挥机构工作，实施防控工作日报告制度，组织开展紧急流行病学调查和应急监测工作。对发现的疫情及时采取应急处置措施。各有关部门按照职责分工共同做好疫情防控工作。

### 3. 较大（Ⅲ级）疫情响应

发生疫情省份的省、市、县级人民政府立即启动Ⅲ级应急响应，并启动应急指挥机构工作，实施防控工作日报告制度，组织开展紧急流行病学调查和应急监测工作。对发现的疫情及时采取应急处置措施。各有关部门按照职责分工共同做好疫情防控工作。

农业农村部加强对发生疫情省份应急处置工作的督导，根据需要组织有关专家协助疫情处置，并及时向有关省份通报情况。必要时，由农业农村部启动多部门组成的应急指挥机构。

### 4. 一般（Ⅳ级）疫情响应

发生疫情省份的市、县级人民政府立即启动Ⅳ级应急响应，并启动应急指挥机构工作，实施防控工作日报告制度，组织开展紧急流行病学调查和应急监测工作。对发现的疫情及时采取应急处置措施。各有关部门按照职责分工共同做好疫情防控工作。

发生疫情的省份，省级畜牧兽医主管部门要加强对疫情发生地应急处置工作的督导，及时组织专家提供技术指导和支持，并向本省有关地区、相关部门通报，及时采取预防控制措施，防止疫情扩散蔓延。必要时，省级畜牧兽医主管部门根据疫情形势和风险评估结果，报请省级人民政府启动多部门组成的应急指挥机构。

发生特别重大（Ⅰ级）、重大（Ⅱ级）、较大（Ⅲ级）、一般（Ⅳ级）等级别疫情时，要严格限制生猪及其产品由高风险区向低风险区调运，对生猪与生猪产品调运实施差异化管理，关闭相关区域的生猪交易场所，具体调运监管方案由农业农村部另行制定发布并适时调整。

#### （四）响应级别调整与终止

根据疫情形势和防控实际，农业农村部或相关省级畜牧兽医主管部门组织对疫情形势进行评估分析，及时提出调整响应级别或终止应急响应的建议。由原启动响应机制的人民政府或应急指挥机构调整响应级别或终止应急响应。

## 三、应急处置
### （一）可疑和疑似疫情的应急处置

对发生可疑和疑似疫情的相关场点实施严格的隔离、监视，并对该场点及有流行病学关联的养殖场（户）进行采样检测。禁止易感动物及其产品、饲料及垫料、废弃物、运载工具、有关设施设备等移动，并对其内外环境进行严格消毒。必要时可采取封锁、扑杀等措施。

**（二）确诊疫情的应急处置**

疫情确诊后，县级以上畜牧兽医主管部门应当立即划定疫点、疫区和受威胁区，开展追溯追踪等紧急流行病学调查，向本级人民政府提出启动相应级别应急响应的建议，由当地人民政府依法作出决定。

**1. 划定疫点、疫区和受威胁区**

疫点：发病猪所在的地点。对具备良好生物安全防护水平的规模养殖场，发病猪舍与其他猪舍有效隔离的，可以发病猪舍为疫点；发病猪舍与其他猪舍未能有效隔离的，以该猪场为疫点，或以发病猪舍及流行病学关联猪舍为疫点。对其它养殖场（户），以病猪所在的养殖场（户）为疫点；如已出现或具有交叉污染风险，以病猪所在养殖小区、自然村或病猪所在养殖场（户）及流行病学关联场（户）为疫点。对放养猪，以病猪活动场地为疫点。在运输过程中发现疫情的，以运载病猪的车辆、船只、飞机等运载工具为疫点。在牲畜交易和隔离场所发生疫情的，以该场所为疫点。在屠宰加工过程中发生疫情的，以该屠宰加工厂（场）（不含未受病毒污染的肉制品生产加工车间、仓库）为疫点。

疫区：一般是指由疫点边缘向外延伸3千米的区域。

受威胁区：一般是指由疫区边缘向外延伸10千米的区域。对有野猪活动地区，受威胁区应为疫区边缘向外延伸50千米的区域。

划定疫点、疫区和受威胁区时，应根据当地天然屏障（如河流、山脉等）、人工屏障（道路、围栏等）、行政区划、饲养环境、野猪分布等情况，以及流行病学调查和风险分析结果，必要时考虑特殊供给保障需要，综合评估后划定。

**2. 封锁**

疫情发生所在地的县级畜牧兽医主管部门报请本级人民政府

对疫区实行封锁，由当地人民政府依法发布封锁令。

疫区跨行政区域时，由有关行政区域共同的上一级人民政府

对疫区实行封锁，或者由各有关行政区域的上一级人民政府共同对疫区实行封锁。必要时，上级人民政府可以责成下级人民政府对疫区实行封锁。

**3. 疫点内应采取的措施**

疫情发生所在地的县级人民政府应当依法及时组织扑杀疫点内的所有生猪。

对所有病死猪、被扑杀猪及其产品进行无害化处理。对排泄物、餐厨废弃物、被污染或可能被污染的饲料和垫料、污水等进行无害化处理。对被污染或可能被污染的物品、交通工具、用具、猪舍、场地环境等进行彻底清洗消毒并采取灭鼠、灭蝇、灭蚊等措施。出入人员、运载工具和相关设施设备要按规定进行消毒。禁止易感动物出入和相关产品调出。

疫点为生猪屠宰场点的，停止生猪屠宰等生产经营活动。

**4. 疫区应采取的措施**

疫情发生所在地的县级以上人民政府应按照程序和要求，组织设立警示标志，设置临时检查消毒站，对出入的相关人员和车辆进行消毒。禁止易感动物出入和相关产品调出，关闭生猪交易场所并进行彻底消毒。对疫区内未采取扑杀措施的养殖场（户）和相关猪舍，要严格隔离观察、强化应急监测、增加清洗消毒频次并开展抽样检测，经病原学检测为阴性的，存栏生猪可继续饲养或经指定路线就近屠宰。

疫区内的生猪屠宰企业，应暂停生猪屠宰活动，在官方兽医监督指导下采集血液、组织和环境样品送检，并进行彻底清洗消毒。检测结果为阴性的，经疫情发生所在县的上一级畜牧兽医主管部门组织开展风险评估通过后，可恢复生产。

封锁期内，疫区再次发现疫情或检出病原学阳性的，应参照疫点内的处置措施进行处置。经流行病学调查和风险评估，认为无疫情扩散风险的，可不再扩大疫区范围。

对疫点、疫区内扑杀的生猪，原则上应当就地进行无害化处理，确需运出疫区进行无害化处理的，须在当地畜牧兽医部门监管下，使用密封装载工具（车辆）运出，严防遗撒渗漏；启运前和卸载后，应当对装载工具（车辆）进行彻底清洗消毒。

### 5. 受威胁区应采取的措施

禁止生猪调出调入，关闭生猪交易场所。疫情发生所在地畜牧兽医部门及时组织对生猪养殖场（户）全面开展临床监视，必要时采集样品送检，掌握疫情动态，强化防控措施。对具有独立法人资格、取得《动物防疫条件合格证》、按规定开展非洲猪瘟病原学检测且病毒核酸阴性的养殖场（户），其出栏肥猪可与本省符合条件的屠宰企业实行"点对点"调运；出售的种猪、商品仔猪（重量在 30 千克及以下且用于育肥的生猪）可在本省范围内调运。

受威胁区内的生猪屠宰企业，应当暂停生猪屠宰活动，并彻底清洗消毒；经当地畜牧兽医部门对血液、组织和环境样品检测合格，由疫情发生所在县的上一级畜牧兽医主管部门组织开展动物疫病风险评估通过后，可恢复生产。

封锁期内，受威胁区内再次发现疫情或检出病原学检测阳性的，应参照疫点内的处置措施进行处置。经流行病学调查和风险评估，认为无疫情扩散风险的，可不再扩大受威胁区范围。

### 6. 运输途中发现疫情应采取的措施

疫情发生所在地的县级人民政府依法及时组织扑杀运输的所有生猪，对所有病死猪、被扑杀猪及其产品进行无害化处理，对运载工具实施暂扣，并进行彻底清洗消毒，不得劝返。当地可根据风险评估结果，确定是否需划定疫区并采取相应处置措施。

## （三）野猪和虫媒控制

养殖场（户）要强化生物安全防护措施，避免饲养的生猪与野猪接触。各地林业和草原部门要对疫区、受威胁区及周边地区野猪分布状况进行调查和监测。在钝缘软蜱分布地区，疫点、疫区、受威胁区的养猪场户要采取杀灭钝缘软蜱等控制措施，畜牧兽医部门要加强监测和风险评估工作，并与林业和草原部门定期相互通报有关信息。

## （四）紧急流行病学调查

### 1. 发病情况调查

掌握疫点、疫区、受威胁区及当地易感动物养殖情况，野猪分布状况、疫点周边地理情况；根据诊断规范（附件 1），在疫区和受威胁内进行病例搜索，寻找首发病例，查明发病顺序，统计发病动物数量、死亡数量，收集相关信息，分析疫病发生情况。

### 2. 追踪和追溯调查

对首发病例出现前 21 天内以及疫情发生后采取隔离措施前，从疫点输出的易感动物、相关产品、运载工具及密切接触人员的去向进行追踪调查，对有流行病学关联的养殖、屠宰加工场所进行采样检测，评估疫情扩散风险。

对首发病例出现前 21 天内，引入疫点的所有易感动物、相关产品、运输工具和人员往来情况等进行追踪调查，对有流行病学关联的相关场所、运载工具进行采样检测，分析疫情来源。

疫情追踪调查过程中发现异常情况的，应根据风险分析情况及时采取隔离观察、抽样检测等处置措施。

## （五）应急监测

疫点所在县、市要立即对所有养殖场所开展应急监测，对重点区域、关键环节和异常死亡的生猪加大监测力度，及时发现疫情隐患。要加大对生猪交易场所、屠宰场所、无害化处理厂的巡查力度，有针对性地开展监测。要加大入境口岸、交通枢纽周边地区、中欧班列沿线地区以及货物卸载区周边的监测力度。要高度关注生猪、野猪的异常死亡情况，应急监测中发现异常情况的，必须按规定立即采取隔离观察、抽样检测等处置措施。

## （六）解除封锁和恢复生产

### 1. 疫点为养殖场、交易场所

疫点、疫区和受威胁区应扑杀范围内的死亡猪和应扑杀生猪按规定进行无害化处理21天后未出现新发疫情，对疫点和屠宰场所、市场等流行病学关联场点抽样检测阴性的，经疫情发生所在县的上一级畜牧兽医主管部门组织验收合格后，由所在地县级畜牧兽医主管部门向原发布封锁令的人民政府申请解除封锁，由该人民政府发布解除封锁令，并通报毗邻地区和有关部门。

解除封锁后，病猪或阳性猪所在场点需继续饲养生猪的，经过5个月空栏且环境抽样检测为阴性后，或引入哨兵猪并进行临床观察、饲养45天后（期间猪只不得调出）哨兵猪病原学检测阴性且观察期内无临床异常表现的，方可补栏。

### 2. 疫点为生猪屠宰加工企业

对屠宰场所主动排查报告的疫情，应对屠宰场所及其流行病学关联车辆进行彻底清洗消毒，当地畜牧兽医部门对其环境样品和生猪产品检测合格的，经过48小时后，由疫情发生所在县的上一级畜牧兽医主管部门组织开展动物疫病风险评估通过后，可恢复生产。对疫情发生前生产的生猪产品，需进行抽样检测，检测结果为阴性的，方可销售或加工使用。

对畜牧兽医部门排查发现的疫情，应对屠宰场所及其流行病学关联车辆进行彻底清洗消毒，当地畜牧兽医部门对其环境样品和生猪产品检测合格的，经过15天后，由疫情发生所在县的上一级畜牧兽医主管部门组织开展动物疫病风险评估通过后，方可恢复生产。对疫情发生前生产的生猪产品，需进行抽样检测和风险评估，经检测为阴性且风险评估符合要求的，方可销售或加工使用。

疫区内的生猪屠宰企业，应进行彻底清洗消毒，当地畜牧兽医部门对其环境样品和生猪产品检测合格的，经过48小时后，由疫情发生所在县的上一级畜牧兽医主管部门组织开展动物疫病风险评估通过后，可恢复生产。

### （七）扑杀补助

对强制扑杀的生猪及人工饲养的野猪，符合补助规定的，按照有关规定给予补助，扑杀补助经费由中央财政和地方财政按比例承担。

## 四、信息发布和科普宣传

及时发布疫情信息和防控工作进展，同步向国际社会通报情况。未经农业农村部授权，地方各级人民政府及各部门不得擅自发布发生疫情信息和排除疫情信息。坚决打击造谣、传谣行为。

坚持正面宣传、科学宣传，第一时间发出权威解读和主流声音，做好防控宣传工作。科学宣传普及防控知识，针对广大消费者的疑虑和关切，及时答疑解惑，引导公众科学认知非洲猪瘟，理性消费生猪产品。

## 五、善后处理

### （一）后期评估

应急响应结束后，疫情发生地人民政府畜牧兽医主管部门组织有关单位对应急处置情况进行系统总结，可结合体系效能评估，找出差距和改进措施，报告同级人民政府和上级畜牧兽医主管部门。较大（Ⅲ级）疫情的，应上报至省级畜牧兽医主管部门；重大（Ⅱ级）以上疫情的，应逐级上报至农业农村部。

**（二）表彰奖励**

疫情应急处置结束后，对应急工作中，态度坚决、行动果断、协调顺畅、配合紧密、措施有力的单位，以及积极主动、勇于担当并发挥重要作用的个人，当地人民政府应予以表彰、奖励和通报表扬。

**（三）责任追究**

在疫情处置过程中，发现生猪养殖、贩运、交易、屠宰等环节从业者存在主体责任落实不到位，以及相关部门工作人员存在玩忽职守、失职、渎职等行为的，依据有关法律法规严肃追究当事人责任。

**（四）抚恤补助**

地方各级人民政府要组织有关部门对因参与应急处置工作致病、致残、死亡的人员，按照有关规定给予相应的补助和抚恤。

## 六、附则

（一）本实施方案有关数量的表述中，"以上"含本数，"以下"不含本数。

（二）针对供港澳生猪及其产品的防疫监管，涉及本方案中有关要求的，由农业农村部、海关总署另行商定。

（三）家养野猪发生疫情的，按家猪疫情处置；野猪发生疫情的，根据流行病学调查和风险评估结果，参照本方案采取相关处置措施，防止野猪疫情向家猪和家养野猪扩散。

（四）常规监测发现养殖场样品阳性的，应立即隔离观察，开展紧急流行病学调查并及时采取相应处置措施。该阳性猪群过去21天内出现异常死亡、经省级复核仍呈病原学或血清学阳性的，按疫情处置。过去21天内无异常死亡、经省级复核仍呈病原学或血清学阳性的，应扑杀阳性猪及其同群猪，并采集样品送中国动物卫生与流行病学中心复核；对其余猪群持续隔离观察 21 天，对无异常情况且检测阴性的猪，可就近屠宰或继续饲养。对检测阳性的信息，应按要求快报至中国动物疫病预防控制中心。

（五）常规监测发现屠宰场所样品阳性的，应立即开展紧急流行病学调查并参照疫点采取相应处置措施。

（六）在饲料及其添加剂、猪相关产品检出阳性样品的，应立即封存，经评估有疫情传播风险的，对封存的相关饲料及其添加剂、猪相关产品予以销毁。

（七）动物隔离场、动物园、野生动物园、保种场、实验动物场所发生疫情的，应按本方案进行相应处置。必要时，可根据流行病学调查、实验室检测、风险评估结果，报请省级有关部门并经省级畜牧兽医主管部门同意，合理确定扑杀范围。

（八）本实施方案由农业农村部负责解释。


附件：1. 非洲猪瘟诊断规范

2. 非洲猪瘟样品的采集、运输与保存要求

3. 非洲猪瘟消毒规范

4. 非洲猪瘟无害化处理要求

附件 1

# 非洲猪瘟诊断规范

## 一、流行病学

### （一）传染源

感染非洲猪瘟病毒的家猪、野猪（包括病猪、康复猪和隐性感染猪）和钝缘软蜱等为主要传染源。

### （二）传播途径

主要通过接触非洲猪瘟病毒感染猪或非洲猪瘟病毒污染物（餐厨废弃物、饲料、饮水、圈舍、垫草、衣物、用具、车辆等）传播，消化道和呼吸道是最主要的感染途径；也可经钝缘软蜱等媒介昆虫叮咬传播。

### （三）易感动物

家猪和欧亚野猪高度易感，无明显的品种、日龄和性别差异。疣猪和薮猪虽可感染，但不表现明显临床症状。

### （四）潜伏期

因毒株、宿主和感染途径的不同，潜伏期有所差异，一般为 5 至 19 天，最长可达 21 天。世界动物卫生组织《陆生动物卫生法典》将潜伏期定为 15 天。

### （五）发病率和病死率

不同毒株致病性有所差异，强毒力毒株可导致感染猪在 12 至 14 天内 100% 死亡，中等毒力毒株造成的病死率一般为 30% 至 50%，低毒力毒株仅引起少量猪死亡。

### （六）季节性

该病季节性不明显。

## 二、临床表现

（一）最急性：无明显临床症状突然死亡。

（二）急性：体温可高达 42℃，沉郁，厌食，耳、四肢、腹部皮肤有出血点，可视黏膜潮红、发绀。眼、鼻有黏液脓性分泌物；呕吐；便秘，粪便表面有血液和黏液覆盖；腹泻，粪便带血。共济失调或步态僵直，呼吸困难，病程延长则出现其他神经症状。妊娠母猪流产。病死率可达 100%。病程 4~10 天。

（三）亚急性：症状与急性相同，但病情较轻，病死率较低。体温波动无规律，一般高于 40.5℃。仔猪病死率较高。病程 5~30 天。

（四）慢性：波状热，呼吸困难，湿咳。消瘦或发育迟缓，体弱，毛色暗淡。关节肿胀，皮肤溃疡。死亡率低。病程 2 至 15 个月。

## 三、病理变化

典型的病理变化包括浆膜表面充血、出血，肾脏、肺脏表面有出血点，心内膜和心外膜有大量出血点，胃、肠道黏膜弥漫性出血；胆囊、膀胱出血；肺脏肿大，切面流出泡沫性液体，气管内有血性泡沫样黏液；脾脏肿大，易碎，呈暗红色至黑色，表面有出血点，边缘钝圆，有时出现边缘梗死。颌下淋巴结、腹腔淋巴结肿大，严重出血。

最急性型的个体可能不出现明显的病理变化。

## 四、鉴别诊断

非洲猪瘟临床症状与古典猪瘟、高致病性猪蓝耳病、猪丹毒等疫病相似，必须通过实验室检测进行鉴别诊断。

### （一）样品的采集、运输和保存（附件 2）

**（二）抗体检测**

抗体检测可采用间接酶联免疫吸附试验、阻断酶联免疫吸附试验和间接荧光抗体试验等方法。

**（三）病原学检测**

1. 病原学快速检测：可采用双抗体夹心酶联免疫吸附试验、聚合酶链式反应或实时荧光聚合酶链式反应等方法。

2. 病毒分离鉴定：可采用细胞培养等方法。从事非洲猪瘟病毒分离鉴定工作，必须经农业农村部批准。

## 五、结果判定

**（一）可疑病例**

猪群符合下述流行病学、临床症状、剖检病变标准之一的，判定为可疑病例。

**1. 流行病学标准**

（1）已经按照程序规范免疫猪瘟、高致病性猪蓝耳病等疫苗，但猪群发病率、病死率依然超出正常范围；

（2）饲喂餐厨废弃物的猪群，出现高发病率、高病死率；

（3）调入猪群、更换饲料、外来人员和车辆进入猪场、畜主和饲养人员购买生猪产品等可能风险事件发生后，15 天内出现高发病率、高死亡率；

（4）野外放养有可能接触垃圾的猪出现发病或死亡。

符合上述 4 条之一的，判定为符合流行病学标准。

**2. 临床症状标准**

（1）发病率、病死率超出正常范围或无前兆突然死亡；

（2）皮肤发红或发紫；

（3）出现高热或结膜炎症状；

（4）出现腹泻或呕吐症状；

（5）出现神经症状。

符合第（1）条，且符合其他条之一的，判定为符合临床症状标准。

### 3. 剖检病变标准

（1）脾脏异常肿大；

（2）脾脏有出血性梗死；

（3）下颌淋巴结出血；

（4）腹腔淋巴结出血。

符合上述任何一条的，判定为符合剖检病变标准。

### （二）疑似病例

对临床可疑病例，经县级或地市级动物疫病预防控制机构实验室检测为阳性的，判定为疑似病例。

### （三）确诊病例

对疑似病例，按有关要求经省级动物疫病预防控制机构实验室复核，结果为阳性的，判定为确诊病例。

附件2

# 非洲猪瘟样品的采集、运输与保存要求

可采集发病动物或同群动物的血清样品和病原学样品，病原学样品主要包括抗凝血、脾脏、扁桃体、淋巴结、肾脏和骨髓等。如环境中存在钝缘软蜱，也应一并采集。

样品的包装和运输应符合农业农村部《高致病性动物病原微生物菌（毒）种或者样本运输包装规范》等规定。规范填写采样登记表，采集的样品应在冷藏密封状态下运输到相关实验室。

## 一、血清样品

无菌采集5ml血液样品，室温放置12~24h，收集血清，冷藏运输。到达检测实验室后，冷冻保存。

## 二、病原学样品

### （一）抗凝血样品

无菌采集5ml乙二胺四乙酸抗凝血，冷藏运输。到达检测实验室后，-70℃冷冻保存。

### （二）组织样品

首选脾脏，其次为扁桃体、淋巴结、肾脏、骨髓等，冷藏运输。样品到达检测实验室后，-70℃保存。

### （三）钝缘软蜱

将收集的钝缘软蜱放入有螺旋盖的样品瓶/管中，放入少量土壤，盖内衬以纱布，常温保存运输。到达检测实验室后，-70℃冷冻保存或置于液氮中；如仅对样品进行形态学观察，可以放入100%酒精中保存。

附件 3

# 非洲猪瘟消毒规范

## 一、消毒产品推荐种类与应用范围

| 应用范围 | | 推荐种类 |
|---|---|---|
| 道路、车辆 | 生产线道路、疫区及疫点道路 | 氢氧化钠（火碱）、氢氧化钙（生石灰） |
| | 车辆及运输工具 | 酚类、戊二醛类、季铵盐类、复方含碘类（碘、磷酸、硫酸复合物） |
| | 大门口及更衣室消毒池、脚踏垫 | 氢氧化钠 |
| 生产、加工区 | 畜舍建筑物、围栏、木质结构、水泥表面、地面 | 氢氧化钠、酚类、戊二醛类、二氧化氯类 |
| | 生产、加工设备及器具 | 季铵盐类、复方含碘类（碘、磷酸、硫酸复合物）、过硫酸氢钾类 |
| | 环境及空气消毒 | 过硫酸氢钾类、二氧化氯类 |
| | 饮水消毒 | 季铵盐类、过硫酸氢钾类、二氧化氯类、含氯类 |
| | 人员皮肤消毒 | 含碘类 |
| | 衣、帽、鞋等可能被污染的物品 | 过硫酸氢钾类 |
| 办公、生活区 | 疫区范围内办公、饲养人员宿舍、公共食堂等场所 | 二氧化氯类、过硫酸氢钾类、含氯类 |
| 人员、衣物 | 隔离服、胶鞋等，进出 | 过硫酸氢钾类 |

备注：1. 氢氧化钠、氢氧化钙消毒剂，可采用 1% 工作浓度；2. 戊二醛类、季铵盐类、酚类、二氧化氯类消毒剂，可参考说明书标明的工作浓度使用，饮水消毒工作浓度除外；3. 含碘类、含氯类、过硫酸氢钾类消毒剂，可参考说明书标明的高工作浓度使用

## 二、场地及设施设备消毒

### （一）消毒前准备

1. 消毒前必须清除有机物、污物、粪便、饲料、垫料等。

2. 选择合适的消毒产品。

3. 备有喷雾器、火焰喷射枪、消毒车辆、消毒防护用具（如口罩、手套、防护靴等）、消毒容器等。

### （二）消毒方法

1. 对金属设施设备，可采用火焰、熏蒸和冲洗等方式消毒。

2. 对圈舍、车辆、屠宰加工、贮藏等场所，可采用消毒液清洗、喷洒等方式消毒。

3. 对养殖场（户）的饲料、垫料，可采用堆积发酵或焚烧等方式处理，对粪便等污物，作化学处理后采用深埋、堆积发酵或焚烧等方式处理。

4. 对疫区范围内办公、饲养人员的宿舍、公共食堂等场所，可采用喷洒方式消毒。

5. 对消毒产生的污水应进行无害化处理。

### （三）人员及物品消毒

1. 饲养管理人员可采取淋浴消毒。

2. 对衣、帽、鞋等可能被污染的物品，可采取消毒液浸泡、高压灭菌等方式消毒。

### （四）消毒频率

疫点每天消毒 3~5 次，连续 7 天，之后每天消毒 1 次，持续消毒 15 天；疫区临时消毒站做好出入车辆人员消毒工作，直至解除。

附件 4

# 非洲猪瘟无害化处理要求

在非洲猪瘟疫情处置过程中，对病死猪、被扑杀猪及相关产品进行无害化处理，按照《病死及病害动物无害化处理规范》（农医发〔2017〕25 号）规定执行。

# 附录 2

# 农业部关于印发《病死及病害动物无害化处理技术规范》的通知

各省（自治区、直辖市）畜牧兽医（农牧、农业）厅（局、委、办），新疆生产建设兵团农业局：

为进一步规范病死及病害动物和相关动物产品无害化处理操作，防止动物疫病传播扩散，保障动物产品质量安全，根据《中华人民共和国动物防疫法》《生猪屠宰管理条例》《畜禽规模养殖污染防治条例》等有关法律法规，我部组织制定了《病死及病害动物无害化处理技术规范》，现印发给你们，请遵照执行。我部发布的动物检疫规程、相关动物疫病防治技术规范中，涉及对病死及病害动物和相关动物产品进行无害化处理的，按本规范执行。

自本规范发布之日起，《病死动物无害化处理技术规范》（农医发〔2013〕34 号）同时废止。

农业部
2017 年 7 月 3 日

# 病死及病害动物无害化处理技术规范

为贯彻落实《中华人民共和国动物防疫法》《生猪屠宰管理条例》《畜禽规模养殖污染防治条例》等有关法律法规，防止动物疫病传播扩散，保障动物产品质量安全，规范病死及病害动物和相关动物产品无害化处理操作技术，制定本规范。

## 1 适用范围

本规范适用于国家规定的染疫动物及其产品、病死或者死因不明的动物尸体，屠宰前确认的病害动物、屠宰过程中经检疫或肉品品质检验确认为不可食用的动物产品，以及其他应当进行无害化处理的动物及动物产品。

本规范规定了病死及病害动物和相关动物产品无害化处理的技术工艺和操作注意事项，处理过程中病死及病害动物和相关动物产品的包装、暂存、转运、人员防护和记录等要求。

## 2 引用规范和标准

GB·19217 医疗废物转运车技术要求（试行）

GB·18484 危险废物焚烧污染控制标准

GB·18597 危险废物贮存污染控制标准

GB·16297 大气污染物综合排放标准

GB·14554 恶臭污染物排放标准

GB·8978 污水综合排放标准

GB·5085.3 危险废物鉴别标准

GB/T·16569 畜禽产品消毒规范

GB·19218 医疗废物焚烧炉技术要求（试行）

GB/T·19923 城市污水再生利用 工业用水水质

当上述标准和文件被修订时，应使用其最新版本。

## 3 术语和定义
### 3.1 无害化处理
本规范所称无害化处理，是指用物理、化学等方法处理病死及病害动物和相关动物产品，消灭其所携带的病原体，消除危害的过程。
### 3.2 焚烧法
焚烧法是指在焚烧容器内，使病死及病害动物和相关动物产品在富氧或无氧条件下进行氧化反应或热解反应的方法。
### 3.3 化制法
化制法是指在密闭的高压容器内，通过向容器夹层或容器内通入高温饱和蒸汽，在干热、压力或蒸汽、压力的作用下，处理病死及病害动物和相关动物产品的方法。
### 3.4 高温法
高温法是指常压状态下，在封闭系统内利用高温处理病死及病害动物和相关动物产品的方法。
### 3.5 深埋法
深埋法是指按照相关规定，将病死及病害动物和相关动物产品投入深埋坑中并覆盖、消毒，处理病死及病害动物和相关动物产品的方法。
### 3.6 硫酸分解法
硫酸分解法是指在密闭的容器内，将病死及病害动物和相关动物产品用硫酸在一定条件下进行分解的方法。

## 4 病死及病害动物和相关动物产品的处理
### 4.1 焚烧法
4.1.1 适用对象

国家规定的染疫动物及其产品、病死或者死因不明的动物尸体，屠宰前确认的病害动物、屠宰过程中经检疫或肉品品质检验确认为不可食用的动物产品，以及其他应当进行无害化处理的动物及动物产品。

#### 4.1.2 直接焚烧法

##### 4.1.2.1 技术工艺

4.1.2.1.1 可视情况对病死及病害动物和相关动物产品进行破碎等预处理。

4.1.2.1.2 将病死及病害动物和相关动物产品或破碎产物，投至焚烧炉本体燃烧室，经充分氧化、热解，产生的高温烟气进入二次燃烧室继续燃烧，产生的炉渣经出渣机排出。

4.1.2.1.3 燃烧室温度应≥850℃。燃烧所产生的烟气从最后的助燃空气喷射口或燃烧器出口到换热面或烟道冷风引射口之间的停留时间应≥2s。焚烧炉出口烟气中氧含量应为6%～10%（干气）。

4.1.2.1.4 二次燃烧室出口烟气经余热利用系统、烟气净化系统处理，达到 GB·16297 要求后排放。

4.1.2.1.5 焚烧炉渣与除尘设备收集的焚烧飞灰应分别收集、贮存和运输。焚烧炉渣按一般固体废物处理或作资源化利用；焚烧飞灰和其他尾气净化装置收集的固体废物需按 GB·5085.3 要求作危险废物鉴定，如属于危险废物，则按 GB·18484 和 GB·18597 要求处理。

##### 4.1.2.2 操作注意事项

4.1.2.2.1 严格控制焚烧进料频率和重量，使病死及病害动物和相关动物产品能够充分与空气接触，保证完全燃烧。

4.1.2.2.2 燃烧室内应保持负压状态，避免焚烧过程中发生烟气泄露。

4.1.2.2.3 二次燃烧室顶部设紧急排放烟囱，应急时开启。

4.1.2.2.4 烟气净化系统，包括急冷塔、引风机等设施。

4.1.3 炭化焚烧法

4.1.3.1 技术工艺

4.1.3.1.1 病死及病害动物和相关动物产品投至热解炭化室，在无氧情况下经充分热解，产生的热解烟气进入二次燃烧室继续燃烧，产生的固体炭化物残渣经热解炭化室排出。

4.1.3.1.2 热解温度应≥600℃，二次燃烧室温度≥850℃，焚烧后烟气在850℃以上停留时间≥2s。

4.1.3.1.3 烟气经过热解炭化室热能回收后，降至600℃左右，经烟气净化系统处理，达到GB·16297要求后排放。

4.1.3.2 操作注意事项

4.1.3.2.1 应检查热解炭化系统的炉门密封性，以保证热解炭化室的隔氧状态。

4.1.3.2.2 应定期检查和清理热解气输出管道，以免发生阻塞。

4.1.3.2.3 热解炭化室顶部需设置与大气相连的防爆口，热解炭化室内压力过大时可自动开启泄压。

4.1.3.2.4 应根据处理物种类、体积等严格控制热解的温度、升温速度及物料在热解炭化室里的停留时间。

## 4.2 化制法

4.2.1 适用对象

不得用于患有炭疽等芽孢杆菌类疫病，以及牛海绵状脑病、痒病的染疫动物及产品、组织的处理。其他适用对象同4.1.1。

4.2.2 干化法

4.2.2.1 技术工艺

4.2.2.1.1 可视情况对病死及病害动物和相关动物产品进行破碎等预处理。

4.2.2.1.2 病死及病害动物和相关动物产品或破碎产物输送入高温高压灭菌容器。

4.2.2.1.3 处理物中心温度≥140℃，压力≥0.5MPa（绝对压力），时间≥4h（具体处理时间随处理物种类和体积大小而设定）。

4.2.2.1.4 加热烘干产生的热蒸汽经废气处理系统后排出。

4.2.2.1.5 加热烘干产生的动物尸体残渣传输至压榨系统处理。

4.2.2.2 操作注意事项

4.2.2.2.1 搅拌系统的工作时间应以烘干剩余物基本不含水分为宜，根据处理物量的多少，适当延长或缩短搅拌时间。

4.2.2.2.2 应使用合理的污水处理系统，有效去除有机物、氨氮，达到 GB·8978 要求。

4.2.2.2.3 应使用合理的废气处理系统，有效吸收处理过程中动物尸体腐败产生的恶臭气体，达到 GB·16297 要求后排放。

4.2.2.2.4 高温高压灭菌容器操作人员应符合相关专业要求，持证上岗。

4.2.2.2.5 处理结束后，需对墙面、地面及其相关工具进行彻底清洗消毒。

4.2.3 湿化法

4.2.3.1 技术工艺

4.2.3.1.1 可视情况对病死及病害动物和相关动物产品进行破碎预处理。

4.2.3.1.2 将病死及病害动物和相关动物产品或破碎产物送入高温高压容器，总质量不得超过容器总承受力的五分之四。

4.2.3.1.3 处理物中心温度≥135℃，压力≥0.3MPa（绝对压力），处理时间≥30min（具体处理时间随处理物种类和体积大小而设定）。

4.2.3.1.4 高温高压结束后，对处理产物进行初次固液分离。

4.2.3.1.5 固体物经破碎处理后，送入烘干系统；液体部分送入油水分离系统处理。

4.2.3.2 操作注意事项

4.2.3.2.1 高温高压容器操作人员应符合相关专业要求，持证上岗。

4.2.3.2.2 处理结束后，需对墙面、地面及其相关工具进行彻底清洗消毒。

4.2.3.2.3 冷凝排放水应冷却后排放，产生的废水应经污水处理系统处理，达到 GB·8978 要求。

4.2.3.2.4 处理车间废气应通过安装自动喷淋消毒系统、排风系统和高效微粒空气过滤器（HEPA 过滤器）等进行处理，达到 GB·16297 要求后排放。

**4.3 高温法**

4.3.1 适用对象

同 4.2.1。

4.3.2 技术工艺

4.3.2.1 可视情况对病死及病害动物和相关动物产品进行破碎等预处理。处理物或破碎产物体积（长 × 宽 × 高）≤ 125cm³（5cm×5cm×5cm）。

4.3.2.2 向容器内输入油脂，容器夹层经导热油或其他介质加热。

4.3.2.3 将病死及病害动物和相关动物产品或破碎产物输送入容器内，与油脂混合。常压状态下，维持容器内部温度 ≥ 180℃，持续时间 ≥ 2.5h（具体处理时间随处理物种类和体积大小而设定）。

4.3.2.4 加热产生的热蒸汽经废气处理系统后排出。

4.3.2.5 加热产生的动物尸体残渣传输至压榨系统处理。

4.3.3 操作注意事项

同 4.2.2.2。

**4.4 深埋法**

4.4.1 适用对象

发生动物疫情或自然灾害等突发事件时病死及病害动物的应急处理，以及边远和交通不便地区零星病死畜禽的处理。不得用于患有炭疽等芽孢杆菌类疫病，以及牛海绵状脑病、痒病的染疫动物及产品、组织的处理。

4.4.2 选址要求

4.4.2.1 应选择地势高燥，处于下风向的地点。

4.4.2.2 应远离学校、公共场所、居民住宅区、村庄、动物饲养和屠宰场所、饮用水源地、河流等地区。

4.4.3 技术工艺

4.4.3.1 深埋坑体容积以实际处理动物尸体及相关动物产品数量确定。

4.4.3.2 深埋坑底应高出地下水位 1.5m 以上，要防渗、防漏。

4.4.3.3 坑底撒一层厚度为 2～5cm 的生石灰或漂白粉等消毒药。

4.4.3.4 将动物尸体及相关动物产品投入坑内，最上层距离地表 1.5m 以上。

4.4.3.5 生石灰或漂白粉等消毒药消毒。

4.4.3.6 覆盖距地表 20～30cm，厚度不少于 1～1.2m 的覆土。

4.4.4 操作注意事项

4.4.4.1 深埋覆土不要太实，以免腐败产气造成气泡冒出和液体渗漏。

4.4.4.2 深埋后，在深埋处设置警示标识。

4.4.4.3 深埋后，第一周内应每日巡查 1 次，第二周起应每周巡查 1 次，连续巡查 3 个月，深埋坑塌陷处应及时加盖覆土。

4.4.4.4 深埋后，立即用氯制剂、漂白粉或生石灰等消毒药对深埋场所进行 1 次彻底消毒。第一周内应每日消毒 1 次，第二周起应每周消毒 1 次，连续消毒三周以上。

### 4.5 化学处理法

**4.5.1 硫酸分解法**

**4.5.1.1 适用对象**

同 4.2.1。

**4.5.1.2 技术工艺**

4.5.1.2.1 可视情况对病死及病害动物和相关动物产品进行破碎等预处理。

4.5.1.2.2 将病死及病害动物和相关动物产品或破碎产物,投至耐酸的水解罐中,按每吨处理物加入水 150～300kg,后加入 98% 的浓硫酸 30～40kg(具体加入水和浓硫酸量随处理物的含水量而设定)。

4.5.1.2.3 密闭水解罐,加热使水解罐内升温至 100～108℃,维持压力≥0.15MPa,反应时间≥4h,至罐体内的病死及病害动物和相关动物产品完全分解为液态。

**4.5.1.3 操作注意事项**

4.5.1.3.1 处理中使用的强酸应按国家危险化学品安全管理、易制毒化学品管理有关规定执行,操作人员应做好个人防护。

4.5.1.3.2 水解过程中要先将水加入耐酸的水解罐中,然后加入浓硫酸。

4.5.1.3.3 控制处理物总体积不得超过容器容量的 70%。

4.5.1.3.4 酸解反应的容器及储存酸解液的容器均要求耐强酸。

**4.5.2 化学消毒法**

**4.5.2.1 适用对象**

适用于被病原微生物污染或可疑被污染的动物皮毛消毒。

**4.5.2.2 盐酸食盐溶液消毒法**

4.5.2.2.1 用 2.5% 盐酸溶液和 15% 食盐水溶液等量混合,将皮张浸泡在此溶液中，并使溶液温度保持在 30℃左右，浸泡 40h，$1m^2$ 的皮张用 10L 消毒液（或按 100mL25% 食盐水溶液中加入盐酸 1mL 配制消毒液，在室温 15℃条件下浸泡 48h，皮张与消毒液之比为 1：4）。

4.5.2.2.2 浸泡后捞出沥干，放入 2%（或 1%）氢氧化钠溶液中，以中和皮张上的酸，再用水冲洗后晾干。

4.5.2.3 过氧乙酸消毒法

4.5.2.3.1 将皮毛放入新鲜配制的 2% 过氧乙酸溶液中浸泡 30min。

4.5.2.3.2 将皮毛捞出，用水冲洗后晾干。

4.5.2.4 碱盐液浸泡消毒法

4.5.2.4.1 将皮毛浸入 5% 碱盐液（饱和盐水内加 5% 氢氧化钠）中，室温（18～25℃）浸泡 24h，并随时加以搅拌。

4.5.2.4.2 取出皮毛挂起，待碱盐液流净，放入 5% 盐酸液内浸泡，使皮上的酸碱中和。

4.5.2.4.3 将皮毛捞出，用水冲洗后晾干。

# 5 收集转运要求

## 5.1 包装

5.1.1 包装材料应符合密闭、防水、防渗、防破损、耐腐蚀等要求。

5.1.2 包装材料的容积、尺寸和数量应与需处理病死及病害动物和相关动物产品的体积、数量相匹配。

5.1.3 包装后应进行密封。

5.1.4 使用后，一次性包装材料应作销毁处理，可循环使用的包装材料应进行清洗消毒。

## 5.2 暂存

5.2.1 采用冷冻或冷藏方式进行暂存，防止无害化处理前病死及病害动物和相关动物产品腐败。

5.2.2 暂存场所应能防水、防渗、防鼠、防盗，易于清洗和消毒。

5.2.3 暂存场所应设置明显警示标识。

5.2.4 应定期对暂存场所及周边环境进行清洗消毒。

### 5.3 转运

5.3.1 可选择符合GB·19217条件的车辆或专用封闭厢式运载车辆。车厢四壁及底部应使用耐腐蚀材料，并采取防渗措施。

5.3.2 专用转运车辆应加施明显标识，并加装车载定位系统，记录转运时间和路径等信息。

5.3.3 车辆驶离暂存、养殖等场所前，应对车轮及车厢外部进行消毒。

5.3.4 转运车辆应尽量避免进入人口密集区。

5.3.5 若转运途中发生渗漏，应重新包装、消毒后运输。

5.3.6 卸载后，应对转运车辆及相关工具等进行彻底清洗、消毒。

## 6 其他要求

### 6.1 人员防护

6.1.1 病死及病害动物和相关动物产品的收集、暂存、转运、无害化处理操作的工作人员应经过专门培训，掌握相应的动物防疫知识。

6.1.2 工作人员在操作过程中应穿戴防护服、口罩、护目镜、胶鞋及手套等防护用具。

6.1.3 工作人员应使用专用的收集工具、包装用品、转运工具、清洗工具、消毒器材等。

6.1.4 工作完毕后，应对一次性防护用品作销毁处理，对循环使用的防护用品消毒处理。

## 6.2 记录要求

6.2.1 病死及病害动物和相关动物产品的收集、暂存、转运、无害化处理等环节应建有台账和记录。有条件的地方应保存转运车辆行车信息和相关环节视频记录。

6.2.2 台账和记录

6.2.2.1 暂存环节

6.2.2.1.1 接收台账和记录应包括病死及病害动物和相关动物产品来源场（户）、种类、数量、动物标识号、死亡原因、消毒方法、收集时间、经办人员等。

6.2.2.1.2 运出台账和记录应包括运输人员、联系方式、转运时间、车牌号、病死及病害动物和相关动物产品种类、数量、动物标识号、消毒方法、转运目的地以及经办人员等。

6.2.2.2 处理环节

6.2.2.2.1 接收台账和记录应包括病死及病害动物和相关动物产品来源、种类、数量、动物标识号、转运人员、联系方式、车牌号、接收时间及经手人员等。

6.2.2.2.2 处理台账和记录应包括处理时间、处理方式、处理数量及操作人员等。

6.2.3 涉及病死及病害动物和相关动物产品无害化处理的台账和记录至少要保存两年。